KB269555

후다닥 아침 레시피

나도 아침 한번 먹어볼까?

요리 오다 마키코
글 오노 마사토
번역 최유진

효형출판

일러두기
이 책의 외래어 표기는 국립국어원 외래어표기법을 따랐으나 관용적인 독음과 동떨어진 경우 절충하여
실용적으로 표기하였다.

아침밥은
꼭 먹어야 해
아침밥을
안 먹는 게 좋다는
사람도 있어
커피 한 잔 어때
아침으로는
무조건 식빵
지금까지
당신이
알고 있던
영양 밸런스에
신경 써야지
저녁에 충분히
먹으니까 괜찮아
배가
안 고파
아침부터
국수는 좀…

간편한 게 최고지

입맛이 없어

빵으로는
점심까지
버틸 수 없어

아침부터 과자라니
말도 안 돼

아침밥은
전부
잊어주세요

먹기 귀찮아

편의점에서
대충 때우지 뭐

어제 먹고
남은 걸로 해결하자

계란 프라이에는
무조건 소금이지

회사 가기 바쁘니
먹어도 그만
안 먹어도 그만

내일 아침이 기다려지는
아침밥을 먹자

어떤 일이든 시작이 힘듭니다. 아침 챙기기도 마찬가지지요. 포근하고 안락한 이불 속에 언제까지고 머물고 싶은 마음과 싸우다 마지못해 이불 속에서 꾸물꾸물 겨우 빠져나오는 게 현실입니다. 이때 내딛는 첫발은 작지만 커다란 노력입니다.
즐겁게 이불 밖으로 빠져나오는 일. 이를 가능하게 해주는 것이 바로 아침밥입니다.

'바삭하게 잘 구운 토스트에 새콤달콤한 딸기잼을 발라 먹어야지.'
'어제 계란물에 담가둔 프렌치토스트는 충분히 촉촉해졌을까?'

그렇습니다. 아침 식사가 즐거워지면 아침마다 무거운 몸을 겨우 일으키던 나날이, 벌떡 일어나는 하루로 바뀌게 됩니다. 억지로 일어나 '오늘도 어떻게든 버텨야겠지' 하는 마음으로 수동적인 하루를 보낼지, 기분 좋게 일어나 '오늘 하루도 즐겁게 보내보자' 하는 마음으로 능동적인 하루를 보낼지 결정하는 것은 자기 자신입니다. 그런 하루하루가 쌓인 결과가 인생이겠지요.

아침에 잠자리를 벗어나기 힘들어 하는 분들이 좀 더 가볍게 일어날 수 있도록, 기분 좋은 아침을 맞이할 수 있도록 돕기 위해 아침밥 레시피를 준비했습니다. 뭔가 대단한 일을 하거나 마법 같은 걸 부리지 않아도 내 손으로 만들어낼 수 있는 확실한 행복이 분명 존재하니까요.

아침밥,
가장 자유로운 한 끼

바빠서 아침밥을 거르거나 건강 때문에 억지로 챙겨 먹었던 분들이라면 '아침이 기다려지는 아침밥이란 게 도대체 뭐지?'라고 생각하실지도 모르겠습니다. 어릴 적 소풍 가기 전날의 기분을 한번 떠올려보세요. '빨리 내일이 왔으면' 하는 마음에 두근거려 잠 못 들지 않았나요.

아침밥도 똑같답니다. '내일 아침에 먹어야지' 하는 생각만으로도 기분 좋게 잠들 수 있는 음식, 상상만 해도 즐거워지는 음식이라면 고열량이어도 상관없습니다. 밥을 세 공기나 먹는다 해도 괜찮아요. 아침에 섭취한 칼로리는 밤에 잠들기 전까지 충분히 소모되니까요.

그렇습니다. 아침밥은 점심이나 저녁에 비해 훨씬 자유롭습니다. 영양도 물론 중요하지요. 하지만 아침밥에 부담을 느끼는 분들에게는 무엇보다 '내일 빨리 일어나서 먹고 싶어!' 하는 생각이 들 만큼 좋아하는 음식을 선택하는 것이 우선입니다.

이 책에는 여러분이 매일 아침을 기다리도록 만들 다양한 아침밥 아이디어가 담겨 있습니다. 나를 두근거리게 하는 아침밥이 과연 무엇일지 자유롭게 찾아보시길 바랍니다.

작지만 확실한 행복을 가져다주는 아침밥의 효과

공간을 깨운다

잠이 덜 깬 것은 당신만이 아닙니다. 당신의 방 역시 멍한 상태이지요. 이럴 때 필요한 것이 아침밥입니다. 모락모락 피어오르는 김과 밥 짓는 냄새. 여기에 창문으로 쏟아지는 아침 햇살이 더해지면 당신의 방은 건강한 공기로 가득 찹니다.

감정을 정리해준다

수면은 슬픔과 화를 누그러뜨립니다. 잠을 자면 부교감신경이 활성화되어 마음이 편안해지기 때문입니다. 여기에 즐거운 아침밥이 기다리고 있다는 기쁨까지 더해지면, 어제의 고민은 꿈속의 일처럼 희미해질 거예요.

몸의 스위치를 켠다

아침밥은 잠자는 동안 써버린 수분을 보충해주고 장운동을 활발하게 만들어 배변 활동을 원활하게 해줍니다. 뇌의 에너지원인 당분을 공급하면 머리가 맑아져 오전에도 집중력이 높아지고 몸이 가벼워지지요.

대화가 늘어난다

이 책은 '맛있는 아침밥을 위한 아이디어 모음집'입니다. 혼자서 만들어 먹어도 물론 즐겁지만, 가족을 위해 아침밥을 만드는 분이라면 매일 아침 각양각색의 메뉴로 식탁을 차릴 수 있습니다. 즐거움은 대화의 윤활유이지요.

맛과 계절의 변화에 민감해진다

공기가 맑은 아침에는 코와 혀가 깨끗하고 예민한 상태입니다. 밤에 먹는 복숭아보다 아침 복숭아가 더 달고 향기롭게 느껴지는 것도 그래서이지요. 출퇴근하느라 계절의 변화를 놓치고 있는 당신, 아침에 제철 과일이나 채소를 먹으면 계절을 몸으로 직접 느낄 수 있답니다.

아침밥 최강의 적,
귀차니즘!

아침밥을 만들기 위해서는 넘어야
하는 커다란 난관이 있습니다. 바로
게으름입니다. 대부분의 사람들에게
아침은 정신없이 바쁜 시간이죠.
이 책에서는 그 점에 집중해 시간을
절약해주는 레시피를 선보입니다.

되도록 시간을
아끼고 싶어요

바쁜 평일
아침에도 5분 만에
만들 수 있습니다

아침부터 맛있는 음식을 먹고 싶은 당
신. 그렇지만 아침에 쓸 수 있는 시간은
한정되어 있는 현실이죠. 후다닥 만들
었는데도 이렇게 맛있을 수가?! 감탄
이 절로 나오는 평일 5분 간단 레시피
를 중심으로, 휴일이나 전날 밤에 여유
있게 만들 수 있는 레시피까지 함께 담
았습니다.

아무것도 하고
싶지 않아요

만드는 건 좋은데
뒷정리가 힘들어요

한 번쯤
만들어보고 싶어지는
아이디어가 있습니다

설거짓거리를
줄이는 방법을
고민했습니다

밖에서 산 즉석식품으로 대충 때우기 십상인 아침밥. '간단한 비법만으로도 맛있어지는' 흥미로운 아이디어들을 보면 어느새 직접 만들어보고 싶어질 거예요. 아침에 아무것도 하고 싶지 않 다면, 전날 밤에 준비해두고 먹기만 하 면 되는 '조리 시간 0분' 아이디어를 참 고해주세요.

칼이나 도마 없이 손으로 재료를 다듬 거나 냄비 없이 만들어보기도 했지요. 조리 도구를 최대한 줄이기 위해 고민 을 거듭했습니다. 중간중간 등장하는 즈보라 씨의 한마디에서는 슈퍼 귀차 니스트 즈보라 씨가 설거지를 피하기 위해 고군분투하는 모습을 보실 수 있 답니다.

생명력 가득한 완전식품
달걀로 만든 아침밥 

맛있게 먹으면 0칼로리
아침에 디저트

가벼운 하루의 시작
과일·채소로 만든 아침밥

몸속 가득 퍼지는 온기
따끈따끈 국물이 있는 아침밥

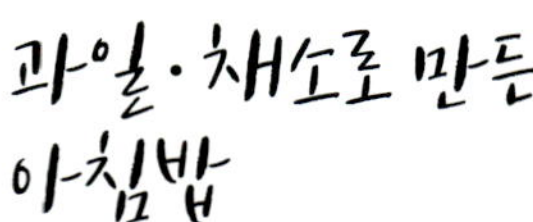

바쁜 하루를 끝마친 밤,
잠들기 전에 읽어주세요

'내일 아침에는 맛있는 걸 먹어야지.'

이 설레는 기분보다 더 강력한 자명종이 있을까요? 유난히 지치고 힘든 하루를 보냈다면 오늘 있었던 일들은 모두 잊어버리고 내일의 아침밥을 생각해보세요. 맛있는 아침밥을 상상하는 동안 배가 고파져도 조금만 참길 바랍니다. 눈을 감고 잠들면 아침은 순식간에 찾아오니까요. 분명 그 허기가 내일 아침 기분 좋게 침대에서 벗어나게 하는 원동력이 되어줄 거예요.

들어가기 전에

· 책에 표시된 1큰술은 15ml, 1작은술은 5ml, 1컵은 200ml입니다.

· 만드는 법에 '뚜껑을 덮는다'는 말이 없다면 뚜껑을 열고 조리해주세요.

· 레시피에 적힌 '프라이팬(20cm)'은 지름 20cm의 프라이팬을 사용했다는 뜻입니다.
  프라이팬은 20cm와 26cm, 냄비는 16cm와 18cm, 20cm짜리를 주로 사용했습니다.

· '후다닥' 표시는 5분 이내 만들 수 있는 평일 추천 메뉴입니다.
  '느긋하게' 표시는 6분 이상 걸리는 메뉴로, 휴일과 전날 밤에 만드는 것을 추천합니다.

· 전자레인지는 600W 기준입니다. 500W 전자레인지 사용 시 가열 시간을 1.2배 정도
  늘려주세요. 기종이나 제조사에 따라 차이가 있으므로 조리 상태를 살펴가며 조절해주세요.

생명력 가득한 완전식품
달걀로 만든 아침밥
꼬끼오 일어나세요!

매일 해야 할 일에 쫓겨 지내는 당신에게 선사할 비장의 무기는 달걀로 만든 아침밥입니다. 달걀은 생명을 자라게 하는 영양소로 가득 차 있어요. 달걀이 생명 그 자체이기 때문이지요. 생각해보면 이렇게 호화스러운 식사가 없습니다.

저녁에 섭취한 에너지와 영양소는 잠자는 동안 대사 과정을 거쳐 사라지기 때문에 아침에는 더욱 영양이 필요합니다. 완전식품인 달걀로 만든 아침밥은 타이밍까지 적절한 아주 훌륭한 아침 식사입니다.

하지만 달걀을 먹을 때 특별한 행복을 느끼는 분이 그리 많지는 않겠지요? 달걀을 요리하는 방법이 뻔하고 그 맛에도 너무 익숙해졌기 때문일 겁니다. 그런 여러분을 위해 지금부터 달걀로 만든 아침밥 레시피를 소개하고자 합니다. 대단한 것은 아니지만 조금 더 맛있어지는 약간의 비법을 더했습니다. 요리가 완성되면 달걀을 처음 먹는 기분으로 맛을 음미해보세요. 익숙했던 달걀이 새롭게 태어날 테니까요.

달걀로 만든 아침밥의 장점

- 달걀은 단백질을 구성하는 아미노산이 풍부하다. 단백질의 영양 가치를 평가하는 '프로테인 스코어'에서 높은 점수를 받았고 단백질 흡수율도 가장 높다.
- 비타민, 미네랄과 같은 영양소가 균형 있게 들어 있다. 항산화 물질이 많이 함유되어 면역력을 높여주는 효과가 있다.

태양의 계란 프라이

아침에 눈을 뜨니 끄무레한 잿빛 하늘.
그런 날일수록 회색 구름 사이로 빼꼼 얼굴을 내보이는
파란 하늘이 반갑게 느껴지는 법이지요. 파란 하늘 같은
기쁨을 맛볼 수 있는 음식, 뭐니 뭐니 해도 계란 프라이입니다.
프라이팬을 1분 정도 가열한 뒤 달걀을 깨 넣고 단단히 익기
전에 숟가락을 이용해 노른자를 가운데로 옮겨줍니다. 그러면
노른자가 한가운데에서 반짝반짝 빛나는, 태양을 닮은 계란
프라이 완성! 하늘에 해가 없다면, 내가 만들자!
씩씩한 오늘의 아침밥입니다.

후다닥 3 min

재료(1인분)

달걀 … 1개
식용유 … 1작은술
소금 … 조금

만드는 법

1 프라이팬(20㎝)에 기름을 두르고 중불에서 1분간 가열한다.
2 달걀을 깨 넣고 프라이팬을 살짝 기울여 달걀을 가운데로 옮긴다. 노른자가 중앙에 오도록 조절한다.
3 흰자가 단단하게 익고 테두리가 노릇노릇해질 때까지 1분 30초~2분간 굽는다. 취향에 따라 소금이나 간장을 더한다.

BAD…
주르륵

오늘은 어떤 맛?

부드러운 맛
참깨 드레싱
레몬과 소금
마요네즈와 간장
멘츠유(麵汁)
허브와 소금
진한 맛
산뜻한 맛
마요네즈와 케첩
우스터소스
폰즈와 고추기름
매운 맛
간장과 시치미(七味)
굴소스

'계란 프라이에는 무조건 소금'이라고 주장하는 분들이 많겠지만 이번 기회에 새로운 시도를 해보는 건 어떨까요? 의외로 매력적인 조합을 발견할지도 모르니까요.

귀차니스트 즈보라 씨의 한마디

그릇을 씻기 귀찮은 날에는 밥 위에 계란 프라이를 얹어서 '계란 프라이 덮밥'으로! 이렇게 하면 설거짓거리는 밥그릇뿐이죠. 바로 계란과 밥을 섞어버리기 때문에 '덮밥'이라고 말할 수 있는 순간은 잠깐이지만 그래도 괜찮아요. 맛있으니까!

턴오버(turn over) 굽기

한 면만 굽는 써니 사이드업(Sunny Side-up)이 유행인 요즘이야말로, 양면을 다 굽는 '턴오버'에 도전해볼 때입니다. 따끈한 노른자 한입 베어 물었을 때 느껴지는 폭신함은 노른자를 터트려 확실히 구워야만 느낄 수 있답니다.

스팀 굽기

달걀을 깨서 살짝 구운 다음, 물을 붓고 뚜껑을 덮어 스팀으로 익힙니다. 노른자 위로 얇은 막이 생겨 전체적으로 하얗고 매끈매끈하게 완성되는 것이 매력 포인트. 젓가락으로 살짝 찌르면 흘러넘치는 노른자의 색깔 역시 매혹적이지요.

바삭바삭 굽기

기름을 잔뜩 두르고 튀기듯 구워주세요. 고소한 식감이 돋보이는 계란 프라이가 완성됩니다. 바삭바삭한 흰자와 눅진눅진한 노른자를 섞어 촉촉하게 즐길 수도 있지요. 아시아 요리와도 잘 어울려요.

반 접어 굽기

계란 프라이를 반으로 접기만 하면 완성! 단순하지만 꽤 색다른 느낌을 준답니다. 반으로 접은 후 아래위를 번갈아 확실히 굽기 때문에 노른자도 더 쫀득쫀득. 젓가락으로 가볍게 집어 베어 물어보세요.

파프리카에 쏙

큼지막한 파프리카가 있다면 시도해보세요. 알이 작아 아쉬운 달걀도 이렇게 하면 누구나 좋아하는 요리로 변신합니다. 파프리카의 달콤함은 간장이나 소금, 후추와도 잘 어울리지요.

사면초가 계란

식빵 가운데를 잘라내고 계란을 쏙! 잘라낸 빵을 숟가락처럼 이용해 가운데 계란을 퍼서 먹어요. 모양도 먹는 방법도 새로운 계란 프라이. 토스트와 계란 프라이를 한 번에 만들 수 있다는 장점도 있지요.

베이컨 에그는 기본

왜 이제 와서 굳이 이런 정석 중의 정석을 소개하는가. 그 이유는 역시 맛있기 때문입니다. 사진처럼 베이컨도 계란도 두 개씩이라면 볼륨 만점, 탄수화물 없이도 점심까지 거뜬할 거예요.

구운 토마토와 함께

토마토는 구우면 맛이 더 진해집니다. 달걀에 모자란 비타민C를 토마토가 보충해주기 때문에 영양 밸런스도 좋은 찰떡궁합. 빨간색과 노란색의 조화에 기분까지 환해지지요.

호텔 조식 안 부러운

스크램블 에그

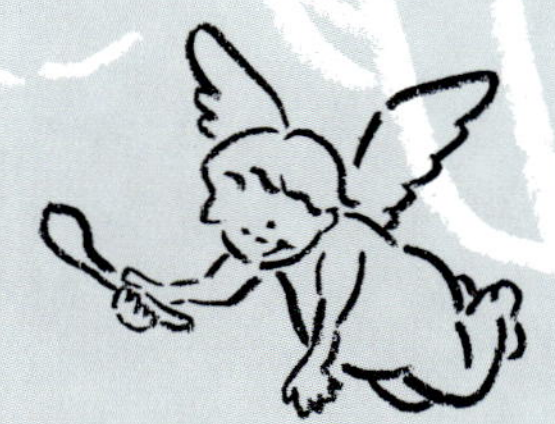

집 안 가득 퍼지는 버터 향과 푸딩 같은 부드러움.
아침부터 이런 계란 요리를 먹을 수 있다면 얼마나 행복할까요.
자, 그렇다면 한번 해봅시다. 포인트는 '잔열'입니다. 프라이팬에
달걀을 깨 넣어 섞은 후 불을 끕니다.
이제 프라이팬에 남은 열로 천천히 계란을 익힙니다.
계란은 우리가 생각하는 것보다 빨리 익습니다. 볶는다는
느낌보다 살살 섞어주는 느낌으로 익히면 최고의 부드러움을
맛볼 수 있답니다.

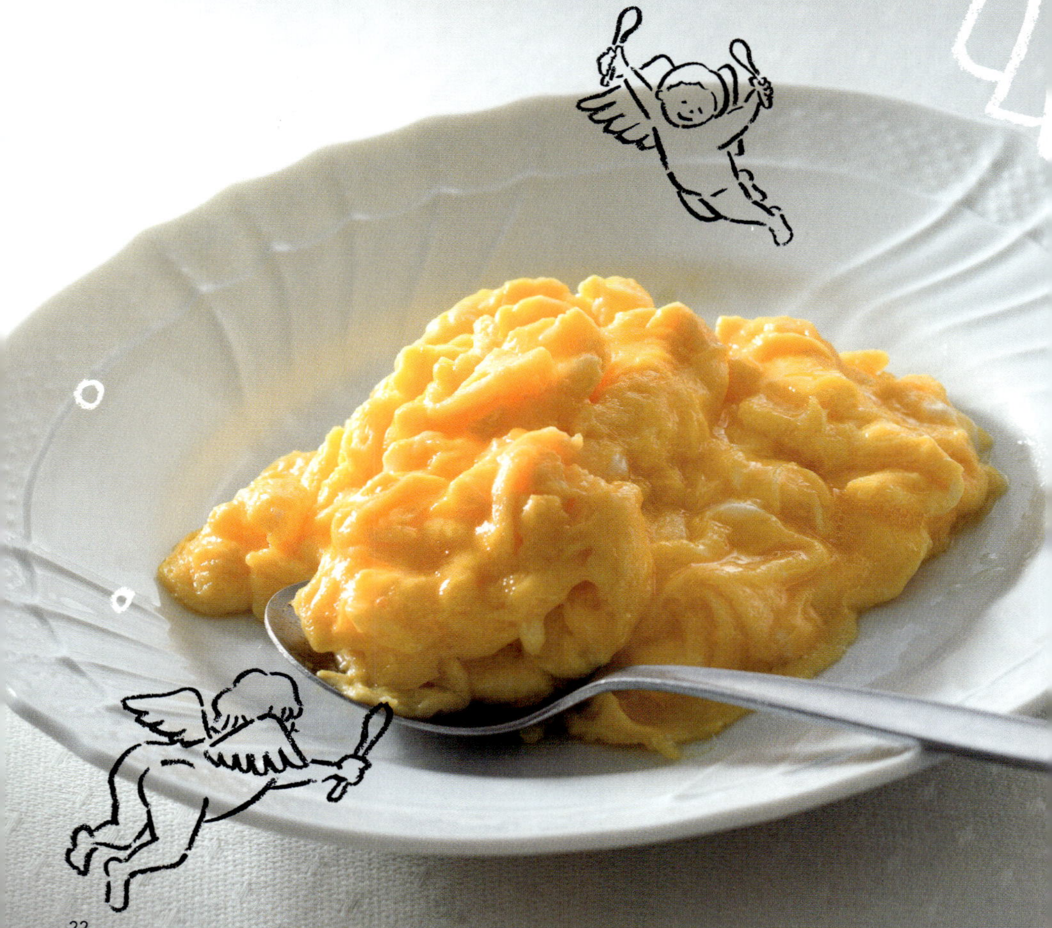

재료(1인분)

달걀 … 2개
A | 우유 … 1큰술
  | 소금 … 조금
  | 후추 … 조금
식용유 … 1작은술
버터 … 10g

만드는 법

1 볼에 달걀을 깨 넣고 흰자를 자르듯이 30번 정도 저은 후 A를 넣는다.

2 프라이팬(20cm)에 기름을 두르고 중불로 달군 뒤 버터를 넣는다.
버터가 반쯤 녹았을 때 볼을 위로 높게 들고 계란물을 붓는다.

3 10초 정도 그대로 두고 가장자리가 단단해지기 시작하면 고무 주걱으로
크게 10번 정도 섞어준다. 불을 끄고 다시 5~10번 정도 크게 섞은 뒤
잔열로 취향에 맞춰 익힌 뒤 접시에 담는다.

곁들일 빵으로 정하는 오늘의 결심

주문을 외우는 기분으로 '곁들일 빵'을 결정해봅시다. '오늘은 이런 내가 되어보자' 하고 결심하는 것만으로도 달라진 하루를 보낼 수 있을 거예요.

오늘의 나는 누구에게나 상냥한 사람이길

흰빵

설명이 필요 없는 흰빵. 폭신폭신 부드러운 감촉으로 내 마음도 부드럽게 풀어줍니다. 배려심이 절로 넘칠 듯한 기분이지요.

오늘의 나는 감정 조절이 확실한 사람이길

토스트

식빵을 가볍게 눌러 노릇노릇한 색깔이 나타날 때까지 구워줍니다. 바삭바삭한 식감은 맺고 끊음이 분명한 하루를 만들어줄 겁니다.

오늘의 나는 강하고 단단한 사람이길

호밀빵

조금 단단한 호밀빵을 구워 꼭꼭 씹어가며 먹습니다. 계란의 부드러움과 빵의 단단함이 절묘한 조화를 이루지요. 한 번 씹을 때마다 더 강한 내가 되는 거예요!

일류 호텔의 스크램블 에그 만들기

TIP ①

위의 만드는 법 3번 단계에서 부드러운 끈적함이 생겼을 때 버터를 취향껏 더 넣어줍니다. 버터 향이 진해지는 만큼 한층 고급스러워진답니다.

TIP ②

우유 1큰술을 생크림 2큰술로 바꾸면 더욱 풍미가 짙어집니다. 여기에 노른자를 1개 더 넣고 귀퉁이를 자른 토스트 위에 얹으면 레스토랑 메뉴로 변신한답니다.

삶은 계란 모음

"밥 먹을 시간이 없어!"
그럴 땐 한 손으로도 먹을 수 있는 삶은 계란은 어떤가요.
완숙 혹은 반숙, 삶는 정도에 따라 식감도 맛도
달라진답니다.
취향에 따라 삶는 시간을 조절해봤습니다. 전날 밤
만들어두면 아침에 바로 먹을 수 있답니다. 6분에 한 개,
7분에 한 개씩 계란을 순서대로 꺼내면 제각각 삶은 정도가
다른 다섯 종류의 삶은 계란이 완성됩니다. 아침부터 삶은
계란 러시안룰렛 한 판, 어때요?

재료

달걀 … 5~6개
소금 … 1/2작은술
식초 … 1작은술

만드는 법

1 전날 밤에 달걀을 냉장고에서 꺼내 상온에 둔다.

2 냄비(18cm)에 뜨거운 물을 약 5컵 붓고 소금, 식초를 넣는다.

3 국자에 달걀을 올리고 끓는 물에 천천히 집어넣는다. 중불에서 시간을 잰다.

4 좋아하는 정도로 삶아지면 꺼내 차가운 물에 식힌다.

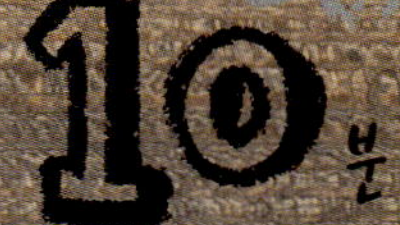

8분

가장 사랑받는 건 바로 나라고

딱 적당한 반숙.
한 손으로도 먹기 좋은
최강의 삶은 계란입니다.

10분

사실은 내가 제일 좋지?

적당히 부드러운 노른자.
샌드위치 사이에 넣어도
좋아요.

12분

하드보일드, 그게 나야

단단하게 삶은 계란.
심플하게 소금만 찍어서
하드보일드하게 먹어봅시다.

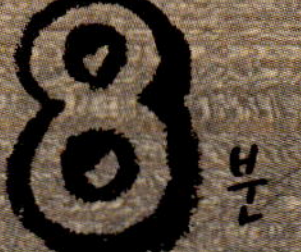

스푼이 '팅' 하고 튕길 것 같은

탱글탱글 오믈렛

겉은 탱글탱글, 속은 촉촉. 식당에서 파는 것 같이 탄력 있는 오믈렛을 집에서도 먹을 수 있다면 아침부터 행복해질 거예요.
어떻게 만드는 걸까요? 바로 오믈렛에 '껍질'을 만드는 게 중요한 힌트입니다. 계란을 한쪽으로 훽 모아 프라이팬을 기울인 다음, 20초 정도 익혀 껍질을 만듭니다.
이것이 바로 탱글탱글한 오믈렛 겉면의 비밀이지요.
일분일초가 바쁜 아침 시간에 무언가를 가만히 기다린다는 것 자체가 사치로 느껴질 수도 있을 겁니다. 하지만 그 시간은 확실한 '맛'으로 우리에게 돌아온답니다.

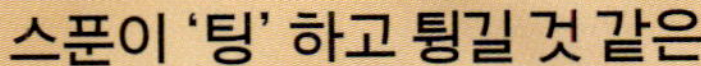

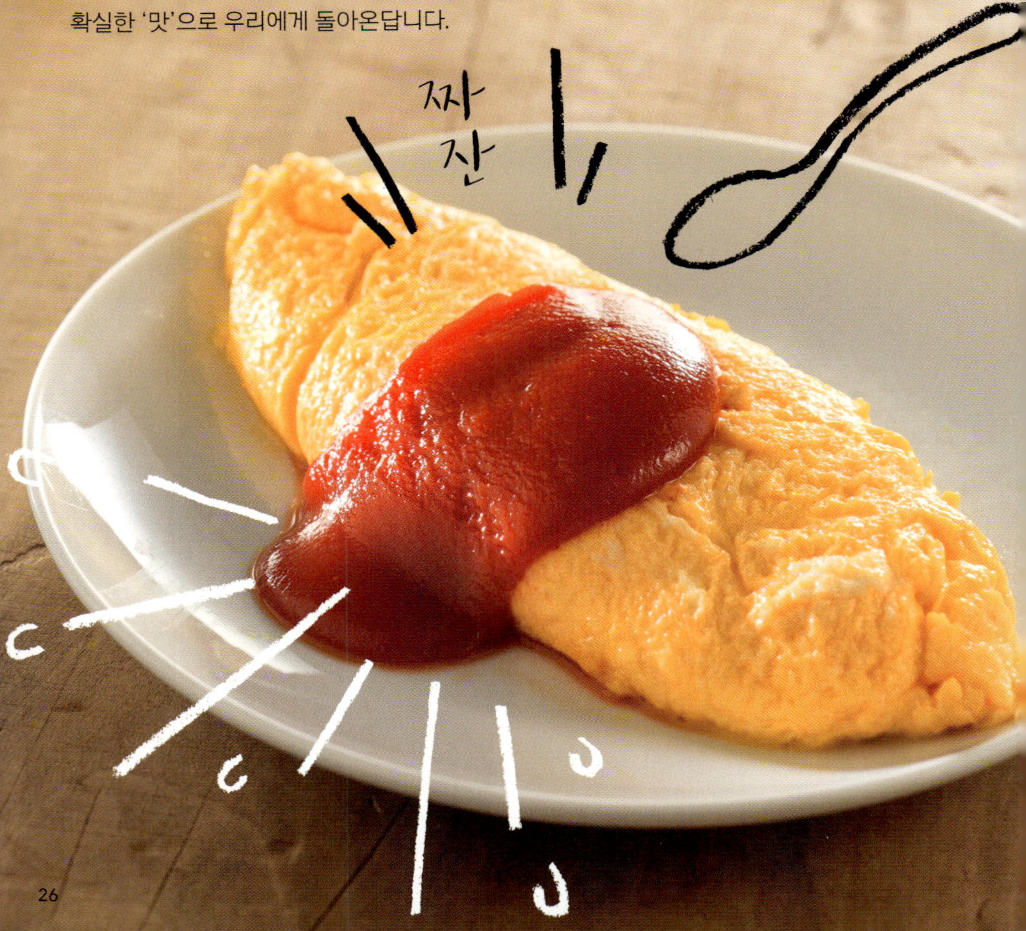

재료(1~2인분)

달걀 … 3개
A   마요네즈 … 1큰술
     소금 … 조금
     후추 … 조금
식용유 … 2작은술

만드는 법

1 볼에 달걀을 깨 넣고 30번 정도 휘저은 후 **A**를 넣고 섞는다.

2 프라이팬(20cm)에 기름을 두르고 중불에서 2분 정도 달군 뒤 젓가락 끝으로 계란물을 살짝 찍어 팬에 떨어뜨렸을 때 치익 하는 소리가 나면 볼을 위로 높게 들어 계란물을 한 번에 쏟아붓는다.

3 10초 정도 기다려 테두리가 익기 시작하면 고무 주걱으로 빠르게 30번 정도 뒤섞는다.

4 프라이팬을 바깥쪽으로 기울여 오믈렛을 구석으로 몰고 럭비공 모양을 잡는다.

5 오믈렛이 퍼지지 않도록 20초 정도 익힌다. 고무 주걱으로 한 번에 휙 뒤집어 그릇에 담는다.

탱글 탱글

오믈렛
안에는
무엇이
들어 있을까?

속 재료를 바꿀 수 있는 것이 오믈렛의 매력이죠. 만드는 방법은 모두 같습니다. 4번 단계에서 재료를 넣어주세요.

케첩

기본 소스인 케첩을
오믈렛 안에 넣어보세요.

참치 + 마요네즈

참치에 간장을 뿌리면
반찬으로도 잘 어울려요.

오므라이스로 변신

아침부터 '계란 듬뿍
오므라이스'를 즐겨보세요.

치즈 + 방울토마토

신선한 토마토는 계란과
찰떡궁합이지요.

말지 않는 계란말이

'매일 아침, 식탁에는 계란말이가 차려져 있다.'
이 문장을 읽을 때 소박한 설렘이 느껴지지 않나요?
하지만 계란말이는 마는 방법이 까다롭고 어렵습니다.
그래서 이번에는 말지 않아도 되는 계란말이를 만드는
방법을 가르쳐드리려고 합니다.
먼저 팬에 계란물을 잔뜩 붓고 스크램블 에그를 만들
때처럼 섞어줍니다. 계란을 바깥쪽으로 꽉 눌러 모으고
남은 계란물을 마저 넣어서 휙 접어줍니다. 이걸로
끝! 여기에 밥과 된장국만 있으면 완벽한 아침 식사가
완성되지요.

재료(1~2인분)

달걀 … 3개
A | 가다랑어 포 … 5g
　 | 물 … 1컵
B | 간장 … 1작은술
　 | 미림 … 1작은술
식용유 … 적당량

만드는 법

1 전날 밤, A를 섞어 냉장고에 넣고 아침에 걸러낸다. 4큰술을 준비한다.

2 볼에 달걀을 깨 넣고 30번 정도 휘저은 다음 1과 B를 넣고 잘 섞는다.

3 계란말이 팬을 중불에 달구면서 키친타월로 기름을 발라준다.

4 계란물을 국자로 조금 떨어뜨렸을 때 치익 하는 소리가 나면 2/3 분량을 팬에 붓는다. 고무 주걱으로 바로 뒤섞으면서 반숙 상태로 만들고 바깥쪽으로 모은다.

5 팬의 빈 공간에 키친타월로 기름을 발라주고 남은 계란물을 붓는다. 계란물이 모아둔 계란말이 아래에 골고루 스며들도록 팬을 기울인다. 표면이 단단하게 익기 시작하면 고무 주걱을 이용해 계란말이를 바깥에서 안쪽으로 접어준다.

2등분

호쾌하게 딱 한 번 자르기. 2등분된 계란말이는 젓가락으로도 쉽게 쪼개 먹을 수 있을 만큼 부드럽다는 무언의 메시지랍니다.

4등분

모던한 료칸에서 나올 법한 삼각 자르기.

식탁에 자주 오르는 계란말이는 존재감이 의외로 강한 요리라 어떻게 담느냐에 따라 식탁의 분위기까지 바뀐답니다.

계란말이 팬이 있는 생활

만약 둥근 프라이팬으로 계란말이를 만들고 있다면 계란말이 팬을 꼭 한번 사용해보세요. 아름답게 각 잡힌 계란말이를 쉽게 만들 수 있답니다.

계란밥 +1

방금 지은 따끈따끈한 밥에 신선한 날계란을 올리고
젓가락으로 노른자에 구멍을 내 간장을 두릅니다.
이것만으로도 충분히 맛있는 계란밥.
보잘것없다고 생각하는 분들도 있겠지만 이번 기회에
한 가지 변화를 더해보시길 제안합니다.

후다닥
1 min

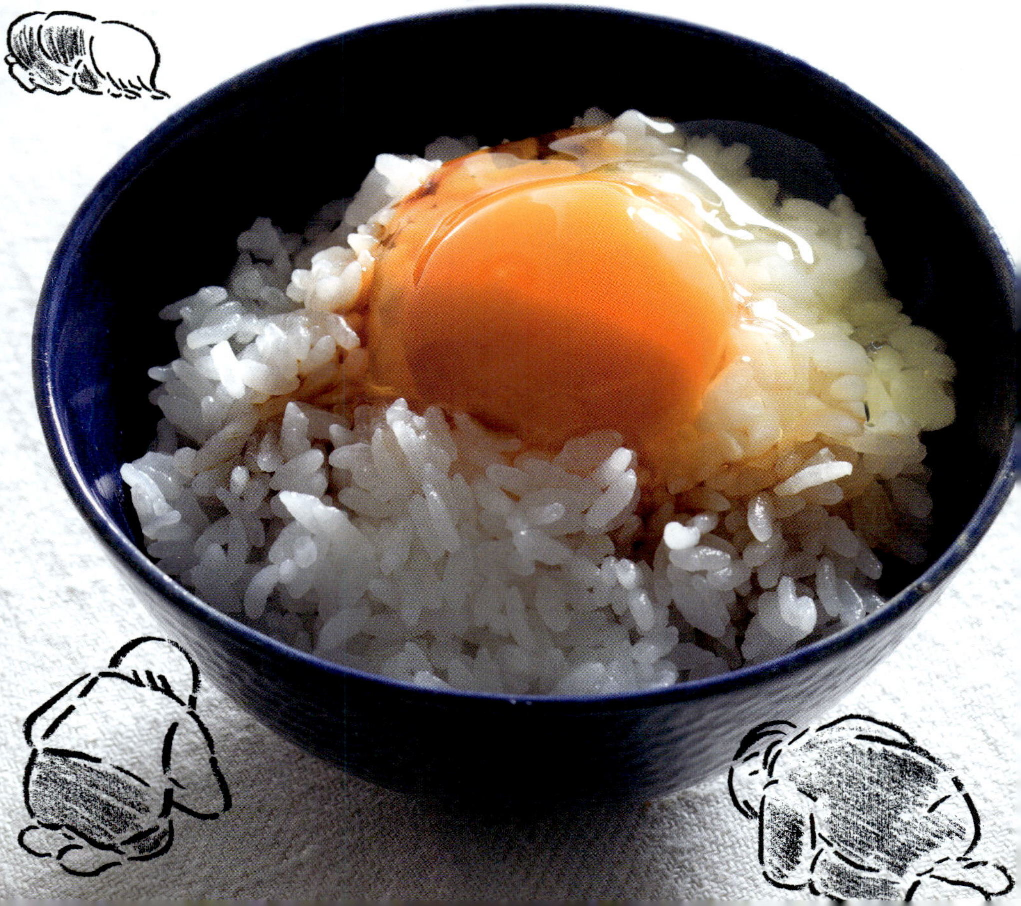

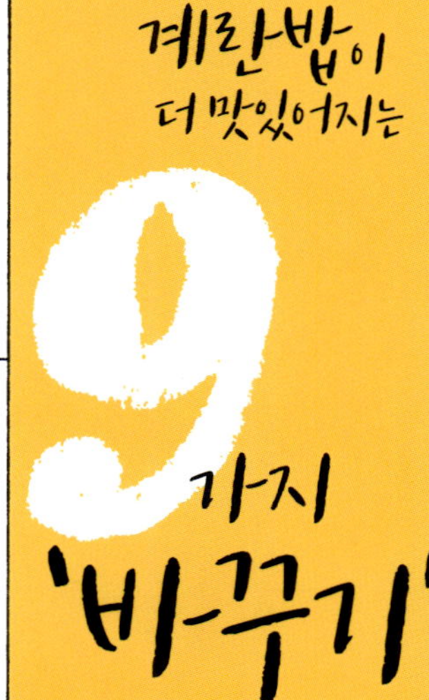

1. 곁들이는 재료 바꾸기

명란젓이나 버터, 매실 장아찌 같은 재료를 더해보세요. 작은 차이가 즐거움을 준답니다.

2. 섞는 방법 바꾸기

대충 10번 섞은 것과 제대로 50번 섞은 것, 맛은 어떻게 달라질까요? 섞는 방법만으로도 모험이 가능하답니다.

4. 냄새 바꾸기

깻잎이나 고수, 바질 같은 향채를 더하면 한층 더 고급스러워지지요. 깨소금을 더하면 감칠맛이 배가된답니다.

3. 그릇 바꾸기

음식은 같더라도 그릇을 바꾸는 것만으로 다른 요리를 먹는 듯한 기분을 느낄 수 있답니다. 심플한 요리일수록 그릇의 효과는 크지요.

5. 조미료 바꾸기

시치미*, 고추냉이, 후추, 올리브오일, 마요네즈, 콩소메, 치즈 가루, 후리가케(ふりがけ)ᵗ. 어때요, 도전해보고 싶지 않나요?

6. 달걀을 대하는 자세 바꾸기

달걀을 향해 정중하게 절 올리기. 꼭 한 번 진지하게 해보시길. 절을 하고 나면 평소보다 한 번에 입으로 가져가는 양이 줄어들고 더 꼭꼭 씹어 먹게 된답니다.

7. 밥 바꾸기

달걀을 샀다면 다음 날 아침에는 갓 지은 밥을 먹을 수 있도록 취사 예약을 해놓고 잠자리에 듭니다. 냉동 밥이라도 전자레인지에 따끈하게 데우면 날계란이 사르르 풀어진답니다.

8. 노른자만 먹기

이리도 사치스러운 음식이라니요! 하지만 의외로 호불호가 갈리는데, 제 나름대로 조사한 바에 따르면 '평범하게 먹는 쪽'을 선호하는 사람들이 더 많습니다.

9. 가격 바꾸기

달걀은 한 알에 100원씩만 더 투자해도 상등품을 구매할 수 있는, 어떤 의미에서는 실속 있는 식재료랍니다. 달걀로 사치 한번 부려보자고요.

* 고춧가루, 산초 가루, 유자, 김, 깨, 귤 껍질 등 일곱 가지 재료를 섞은 일본 조미료.
ᵗ 밥에 뿌려 먹는 조미료 가루. 어육, 김 등으로 만든다.

가름이 인터뷰

Q 아침에 바쁘다 보니 삶은 계란 한 개밖에 못 먹는데요, 영양 면으로 봤을 때 괜찮을까요?

A 그럼! 거기에 토마토 주스를 더하면 최강의 조합이지.

"삶은 계란밖에"라니, 날 무시하지 말라고. 병아리 한 마리를 길러낼 만큼 다양한 영양소를 가지고 있으니까 말이야. 에너지는 식빵의 절반 정도지만 영양 효율은 하늘과 땅 차이라고. 영양 면에서 날 따라올 음식이 없다는 것, 이제 알겠어?
단, 식이 섬유와 비타민C는 부족하니 그건 토마토 주스에게 부탁해. 활동량이 많은 날에는 힘이 되는 탄수화물을 먹어야 한다는 거 꼭 기억하고!

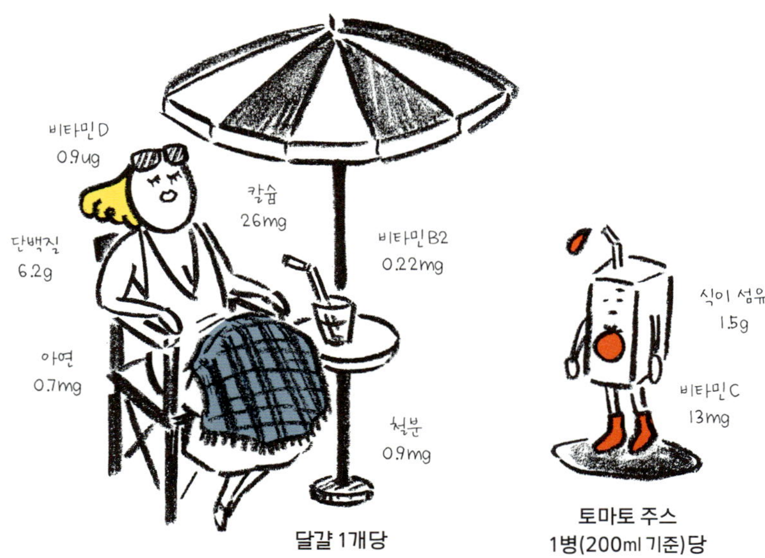

Q 감기에 걸렸을 때 왜 계란죽이나 달걀술을 먹나요?

A 소화가 쉽고 몸을 따뜻하게 해주거든.

제대로 영양을 섭취하는 건 몸에 무척 중요한 일이지. 그건 알고 있겠지? 하지만 감기에 걸렸을 때는 몸도 무척 지쳐 있기 때문에 영양분을 제대로 흡수하기가 어려운 거야. 몸이 거부하는 거지.
이때가 바로 내가 나서야 할 차례! 나는 소화, 흡수가 쉬워서 약해진 몸에도 부드럽게 들어갈 수 있지. 그리고 술과 죽 둘 다 몸을 따뜻하게 데워주잖아.
몸이 따뜻할수록 신진대사가 활발해지거든.
나의 영양분과 따뜻하게 데워져 활발해진 몸! 우리 둘이 힘을 합치면 감기 따위 무서울 게 없다고.

Q 달걀은 하루 한 개만 먹으라고 하는데 꼭 지켜야 하나요?

A 의사가 그렇게 처방한 것이 아니라면 상관없어.

이해해. 나란 달걀… 너무 맛있어서 몇 개씩 먹고 싶어지기 마련이지. 걱정 마. 실은 여러 개 먹어도 콜레스테롤 수치가 그렇게 높아지지 않는다는 연구 결과도 있으니까 말이야. 고기라는 녀석을 먹어도 콜레스테롤 수치는 높아진다고! 내가 콜레스테롤이 많은 건 사실이야. 그러니까 과할 정도로 먹지는 말아야겠지? 그렇지만 말이야, 너무 많이 먹으면 안 된다는 건 어떤 음식이라도 마찬가지라고! 의사 선생님이 '그만'이라고 이야기한 게 아니라면 하루 2개 정도는 전혀 문제없어.

Q 달걀에 단백질이 풍부하다고 하는데 단백질은 고기에 더 많지 않나요?

A 달걀 속 단백질은 고기보다 흡수가 잘되는걸.

단백질은 '아미노산'이라는 물질이 모여 만들어진 거야. 아미노산은 20가지 정도가 있는데 그중 9개는 몸속에서 만들어낼 수가 없어서 식사를 통해 섭취해야 하지. 이걸 '필수 아미노산'이라고 해. 몸에 필요한 아미노산을 어느 정도 함유하고 있는지 그 비율을 표시한 것이 '프로테인 스코어'인데 말이야, 난 무려 100점 만점이라고! 고기나 우유는 80점 정도지.

테이블 세팅 아이디어

'오늘의 식탁, 사진으로 찍어둘까?'
이런 생각이 들었다면 그날의 아침밥은 성공!
아침 식탁을 멋지게 꾸며줄 세 가지 아이템을 소개합니다.

페이퍼 냅킨

말하자면 '씻을 필요 없는 데일리 매트'라고나
할까요. 마음에 드는 디자인으로 여러 종류
사두면 그날 기분에 맞춰 아침 식탁 풍경을
바꿀 수 있답니다. 모든 것이 귀찮은 아침에는
페이퍼 냅킨 위에 빵을 올리고, 다 먹은 뒤에는
부스러기까지 하나로 뭉쳐 쓰레기통으로 쏙!

타원형 접시

시각적으로 균형이 잘 잡힌 식탁을 보면 마음이
편안해집니다. 타원형 접시는 균형을 잡는 데
적합한 접시입니다. 원형 접시는 여백이 생길
수밖에 없지만 타원형은 메뉴가 하나뿐이라도
보기가 좋지요. 밥에도 빵에도 잘 어울리는
그야말로 만능 접시입니다.

식탁에 온기를 주는

나무 소품

나무는 마음을 차분하게 만들어줍니다. 금속보다
온기가 돌고 편안한 느낌이 드는 소재이지요.
또 나무마다 결이 다르기 때문에 무엇이든 세상에
단 하나뿐인 특별한 물건이랍니다. 그렇기에 쓸수록
애착이 생기지요. 특히 원목 식탁은 어떤 분위기의
밥상에도 잘 어울린답니다.

아침 식사 일기를 써보자

아침밥 일기를 써보지 않을래요?
매일 아침밥 사진을 찍어 붙이기
만 하면 끝!
2주일, 3주일, 사진이 쌓일수록 보
기만 해도 즐거워지는 것은 물론
아침밥에 대한 의미가 남달라져
점점 적극적으로 쓰게 될 거예요.

냄새와 식감으로
오감을 자극하는

아침의 빵

바삭 바삭

폭신 폭신

이제는 곳곳에 개성 있고 맛도 좋은 빵집들이 많아졌습니다. 덕분에 세계 각국의 다양한 빵들을 손쉽게 접할 수 있게 되었지요.

빵으로 식사를 할 때 느낄 수 있는 만족감도 높아졌습니다. 우선 빵을 살 때부터 즐겁지요. 빵을 구우면 밀가루와 효모균에서 나오는 고소한 냄새가 코끝을 간질입니다. 한입 베어 물면 폭신, 촉촉, 바삭한 다채로운 식감으로 우리를 즐겁게 해줍니다. 이것이 바로 아침에 먹는 빵의 매력입니다.

'간편함'으로 아침 식탁 위 주인공 자리를 꿰찬 빵. 이제는 간편함뿐 아니라 다양한 맛과 식감으로 사랑받는 아침밥 메뉴가 되었습니다.

아침에 먹는 빵의 장점

· 호밀빵이나 잡곡빵에는 식이 섬유나 비타민B 등 영양소가 많이 들어 있다.
· 바게트처럼 씹는 맛이 있는 단단한 빵을 먹으면 침이 활발하게 분비되어 쉽게 포만감을 느낄 수 있다.
· 싱싱한 채소나 과일과 잘 어울리기 때문에 비타민C나 식이 섬유 섭취를 도와준다.

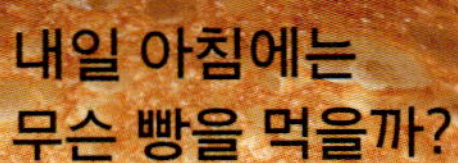

내일 아침에는
무슨 빵을 먹을까?

빵 단면 도감

빵의 매력 포인트 중 하나인
'식감'을 눈으로 즐길 수 있는
빵 단면 도감. 껍질이 두꺼울수록
바삭거리고, 빵 속 기포가
자잘할수록 촉촉하고 쫀득하다.
제각각인 빵의 식감을 상상하면서
내일 아침 먹을 빵을 골라보시길!

식빵
Loaf bread

식사용 빵으로 샌드위치, 토스트 등 여러
가지 형태로 자유롭게 만들어 먹을 수
있다는 것이 특징이다. 식빵 한 덩이를
4장으로 자르면 두툼하고 넉넉하게,
8장으로 자르면 돌돌 말아서도 즐길 수
있다.

팽 드 캉파뉴
Pain de campagne

쌀에 빗대어 말하자면 현미와 비슷한
느낌의 빵. 호밀이나 밀 배아(씨눈)를
사용해 갈색빛이 돌며 씹으면 씹을수록
고소하다. '캉파뉴'란 시골이라는 뜻으로
투박하고 정감 있는 풍미를 지녀 이런 이름이
붙여졌다.

베이글
Bagel

기름, 달걀, 우유가 안 들어간 밥에
가까운 빵. 링 모양의 반죽을 뜨거운
물에 삶은 다음 오븐에 구우면 완성이다.
베이글의 매력은 뭐니 뭐니 해도
쫄깃쫄깃한 식감. 다양한 속 재료와
궁합이 잘 맞아 샌드위치용으로도 좋다.

바게트
Baguette

가늘고 기다란 이른바 '프랑스 빵'.
바삭바삭한 겉이 핵심으로 밀가루의
고소한 맛을 제대로 느낄 수 있다. 꼭꼭
씹어 먹게 되기 때문에 적은 양으로도
포만감을 느낄 수 있는 것이 장점.
딱딱하게 굳어도 다양하게 활용할 수
있다.

잉글리시 머핀
English muffin

베이글과 비슷한 식사용 빵이지만
롤빵처럼 가볍다. 입 안에서 잘 풀어지기
때문에 식욕이 없을 때도 잘 넘어간다.
고기류와 잘 어울리므로 든든하게 먹고
싶을 때는 여러 가지 속 재료를 듬뿍
넣어서 한 끼 식사로 즐겨도 훌륭하다.

바타르
Batard

바게트와 닮았지만 더 두꺼운 프랑스
빵. 부드러운 안쪽이 메인이다. 식빵과
바게트의 장점만을 합쳐놓은 것 같은
빵. 샌드위치나 토스트용으로 활용할
수 있다.

크루아상
Croissant

반죽을 여러 번 접어 생긴 층
사이사이에 버터가 켜켜이 들어 있다.
그야말로 버터를 먹는다고 해도
과언이 아니다. 주말에 여유 있게
먹는 게 어울리는 우아한 빵이다.

차가워진 빵, 어떻게 데워야 맛있나요?

전자레인지나 프라이팬을 이용해 보세요. 전자레인지를 이용할 때는 물에 적신
후 물기를 꽉 짠 키친타월로 빵을 감싸고 10초간 데우면 끝! 프라이팬에 구우면
토스터보다 빵의 수분이 잘 날아가지 않기 때문에 안쪽이 부드럽게 구워진답니다.

프라이팬으로 만드는 카페의 맛

리치 버터 토스트

'토스트나 먹지 뭐' 하고 만만하게 생각하는 토스트.
하지만 토스트의 진정한 모습은 절대 만만하지 않습니다.
내일 아침에는 토스터 대신 프라이팬으로 빵을 구워보세요.
열이 표면에만 전달되어 안쪽에는 수분이 남아 있기 때문에
겉은 바삭바삭, 속은 촉촉하답니다. 항상 먹는 식빵으로
시험해보면 그 차이가 확연히 드러나지요. 마지막으로 버터를
취향껏 올려서 드셔보세요.

창의적 연구!
토스트 39

여기서부터는
오븐 토스터로
구워요!

토스트가 뭔가요? 라는 질문의
답은 당연히 '즐거운 것'이지요.
정석 중의 정석에서부터
실험적인 조합까지 간단하고
맛있는 토스트들을 소개합니다.
식빵 외에 빵 도감에 소개된
여러 종류의 빵으로 바꿔도
맛있답니다.

옥수수 통조림 + 치즈 + 마요네즈

진한 옥수수 수프를 먹는 느낌

토마토 + 치즈

먹자마자 드는 생각
그래, 바로 그 맛이야

햄 + 치즈

역시 심플한 게 최고

홀그레인 머스터드 + 소시지

핫도그인 듯 핫도그 아닌
핫도그 같은 토스트

베이컨 + 마요네즈 + 파슬리

빵과 함께 베이컨도 알맞게 굽기

참치 + 카레 가루 + 마요네즈

아이가 있다면 급식에 카레가
나오지 않는지 먼저 체크!

명란젓 + 크림치즈

야식으로도 좋아요

어묵 + 마요네즈 + 우스터소스

살짝 탄 우스터소스가 풍기는
향이 일품

양배추 + 양념 닭꼬치 + 마요네즈

데리야키 치킨 토스트
같은 맛이랄까요?

김치 + 마요네즈

김치와 마요네즈,
금단의 사랑이 시작됩니다!

생강 초절임 + 파래 + 치즈

이것은 오코노미야키?

낫토 + 파 + 치즈

낫토의 놀라운 가능성

콘비프* + 후추

아침부터 가볍게
고기, 고기, 고기!

다시마 간장 절임 + 치즈

호호 할머니가 되어도
계속 먹고 싶은 맛

김 + 뱅어 + 치즈

한입 베어 물면 눈앞에 바다가!

* 소금에 절인 쇠고기. 보통 통조림으로 만들어 판다.

김 조림 + 치즈

김 조림을 빵에 발라봤어요
근데 이거, 맛있잖아?

버터 + 차조기 잎 +
팽이버섯 조림

팽이버섯의 새로운 발견

수란 + 치즈 가루 +
올리브오일

계란 프라이와는 또 다른
부드러움

매실 장아찌 + 버터 + 검은깨

토스트가 달콤하게 느껴지는 건
매실 장아찌 덕분이지요

크림치즈 + 차조기 잎 가루

치즈보다 강렬한 차조기 잎 가루

토마토 + 바질 +
올리브오일 + 소금

다진 마늘을 빵에 바르면
마르게리타 피자로 변신

평일 아침에는 조금이라도 더 자고 싶단 말이죠. 그래서 저는 주말에 식빵 6장에 재료를 올려서 랩으로 씌운 뒤 냉동해둬요. 이렇게 하면 속 재료도 남지 않고 아침에 굽기만 하면 된답니다. 거기다 '이번 주 아침밥을 전부 만들어놓다니, 나 좀 대단한 걸?' 하는 성취감까지 얻을 수 있다고요.

참치 통조림으로 만드는 토스트

1 참치 + 슬라이스 치즈 + 방울토마토
2 참치 + 화이트소스
3 참치 + 시치미 + 다시마 간장 절임

바나나로 만드는 토스트

1 바나나 + 초콜릿
2 바나나 + 캐러멜 소스
3 바나나 + 꿀 + 그래놀라

파 + 가다랑어 포 + 간장 + 버터

네코맘마(ねこまんま)•
고양이 밥의 빵 버전. 냐옹~

버터 + 간장 + 고추냉이

고추냉이는 뭉텅뭉텅 바르기.
코끝을 자극하는 이 맛에
중독될지도 몰라요

게맛살 + 마요네즈 + 유즈코쇼(柚子胡椒, 유자 후추)

게 맛(비록 가짜 게지만…) 다음으로
입 안에 퍼지는 향긋한 유자 향

매실 장아찌 + 마요네즈 + 김 + 가다랑어 포

매실 장아찌와 마요네즈가
빵과 이렇게 잘 어울리다니!

디저트용　① 재료를 올린 뒤 구워주세요

마시멜로 + 초콜릿

쫀득쫀득 폭신폭신
아침이니까 괜찮다고요

사과 + 계핏가루 + 버터

먹고 남은 사과에 마법을 걸어요

마요네즈 + 밀가루 + 설탕‡

어디선가 먹어본 맛…
이건 메론빵?

바나나 + 버터

이 토스트를 만들기 위해
바나나는 존재하는 겁니다

푸딩 + 치즈 믹스

으음…

• 밥 위에 가다랑어 포, 남은 미소 된장국, 잔반 등을 올려 간단히 먹는 끼니. 고양이에게 주는 밥을 연상시켜 붙여진 이름이다.
‡ 마요네즈(1큰술), 밀가루(1/2작은술), 설탕(1/2큰술)을 섞어 만든다. 그 위에 슈가파우더를 뿌려줘도 좋다.

꿀 + 레몬 + 버터

레몬의 산미가 사라진 자리에는
달콤함이!

연유 + 딸기

딸기를 반으로 잘라 올리면 끝!
입 안 가득 퍼지는 상큼함

버터 + 양갱

첫맛은 양갱, 씹으면 씹을수록
느껴지는 버터의 풍미

바나나 + 코코아 가루 + 버터 + 설탕

모두가 좋아하는 맛. 바나나를
얼리면 잼 같은 느낌이에요

아이스크림 + 인스턴트 커피 가루

이 토스트는 중독성이 있으므로
일일 섭취량을 꼭 지키시길!

방 + 와이셔츠 + 나

아무 말 죄송…

깨소금 + 꿀

엄마의 말씀
"단순할수록 맛있단다"

딸기잼 + 블루베리잼 + 사과잼 + 마멀레이드

좋아하는 잼을 다 발라버려요

버터 + 설탕 + 피자 소스 + 치즈

단맛과 짠맛의 블랙홀 같은
매력에 주의

수제 잼 & 버터

여유로운 휴일, 방 안 가득 딸기 향을 풍기는 잼과 생크림을 계속해서
흔들면 완성되는 버터 만들기.
기성품과 비교할 수 없을 만큼 맛있어요. 잼은 새콤달콤 신선하고
버터는 발효 버터처럼 부드럽답니다.
직접 만들어 더 정이 가는 고급스러운 맛. 전날 밤 만들어두면
다음 날 아침을 반짝반짝 빛내줄 특별한 선물입니다.

수제 딸기잼

재료(한 번에 만들기 쉬운 분량)

딸기 … 2팩(500~600g)
설탕 … 250~300g
레몬즙(혹은 식초) … 1~2큰술

만드는 법

1 딸기는 꼭지를 떼고 잘 씻은 후 물기를 제거한다.

2 반으로 잘라 볼에 넣고 설탕을 섞은 후 랩을 씌워 30분 동안 상온에 둔다.

꼭 딸기가 땀을 흘리는 것처럼 물기가 빠져나와 재미있답니다.

3 물기가 빠지면 20cm짜리 냄비로 옮겨 약간 센 중불에 올린다. 고무 주걱으로 잘 뒤섞으면서 설탕을 녹이고 딸기를 가볍게 으깨면서 끓인다.

4 고무 주걱으로 저으며 냄비 바닥이 보이는 상태가 될 때까지 13분 정도 끓여준다. 레몬즙을 넣고 한소끔 끓인다.

'냄비 바닥이 보이는 상태'는 바로 이 정도를 말합니다. 제법 잼 같아졌네요!

5 뜨거운 물로 소독한 공병에 입구에서 5mm 정도 남기고 잼을 채운다. 뚜껑을 닫고 그대로 뒤집어 식힌다.

수제 버터

재료(100g 분량)

생크림 … 1팩(200ml, 동물성 유지방 함량 40% 이상)
소금 … 1/8작은술

만드는 법

1 생크림은 여름철에는 30분, 겨울철에는 1시간 상온에 둔다.

금방 소리가 둔탁해지고 패트병 내부에 끈적끈적하게 지방분이 달라붙어요.

2 빈 패트병(500ml)에 1을 넣고 뚜껑을 꽉 닫은 후 크게 아래위로 1~2분 흔들어준다.

3 2~3분 더 흔들면 수분이 분리되어 찰랑찰랑 소리가 나기 시작한다. 버터 덩어리가 점점 커져 잘 뭉쳐지면 흔들기 끝.

처음에 생크림을 상온에 두면 흔들기 시작하고 5분도 안되어서 확실하게 분리된답니다.

4 패트병을 자른다. 채반에 키친타월을 깔고 내용물을 붓는다. 고무 주걱으로 버터를 누르면서 수분을 더 짜낸다. 소금을 넣고 섞는다.

패트병에 남은 액체는 버터밀크라고 해요. 홍차나 수프에 넣으면 더 맛있어진답니다.

숙성 샌드위치

250년이라는 긴 역사를 가진 샌드위치. 요즘 흔히 볼 수 있는
신선한 샌드위치는 비교적 최근에 등장한 새로운 음식입니다.
원래의 샌드위치는 바로 아래와 같은 모습이었지요. 전날 밤에
미리 만들어 냉장고에 넣어두면 재료의 맛과 기름기가 서서히
빵에 배어들어 완벽히 한 몸이 되죠. 홈메이드 샌드위치 매력에
흠뻑 빠져보세요.

후다닥
3 min

마음이 차분해지는
'숙성' 속 재료

숙성 샌드위치의 속 재료로는 양배추나
토마토처럼 신선한 채소보다는 '시간이 맛있게
만들어준' 재료를 추천합니다. 촉촉한 빵과
내용물이 한 몸처럼 어우러지는 이 샌드위치는
먹을 때 흘릴 걱정 없이 깔끔하게 먹을 수
있답니다.

고소한 견과류 & 건포도 샌드

건포도와 잘게 부순 견과류 믹스를
슬라이스 치즈를 얹은 빵 사이에
끼웁니다. 건포도의 달콤함과
견과류의 고소함에 빠지면 버릇처럼
찾게 될지도.

장아찌 마요 샌드

짭짤한 장아찌와 마요네즈를 1:1
비율로 섞으면 그걸로 끝. 남은 건
빵 사이에 듬뿍 끼워 넣는 것뿐이죠.
의외의 조합이지만 '매일 먹어도
좋아!'라고 생각하게 될 만큼
맛있답니다. 집에 있는 다양한
장아찌들로 도전해보세요.

우엉 볶음 치즈 샌드

우엉의 단맛과 간장의 풍부한 향에
크림치즈가 더해져 그야말로 최강의
맛이 탄생! 우엉 볶음과 크림치즈는
3:2 비율이 가장 잘 어울린답니다.

케첩 마요 비프 샌드

콘비프 50g, 케첩과 마요네즈
각각 1/2큰술, 여기에 후추를 조금
더하고 채 썬 양파는 취향에 따라
넣어주세요. 아이들도 좋아하는
든든한 샌드위치입니다.

달달한 생햄 치즈 샌드

빵에 얇게 바른 달콤한 꿀이
생햄과 치즈의 맛을 더 풍부하게
만들어줍니다. 프라이팬에 가볍게
구워서 먹어도 맛있지요.

마지막 한 장의 부활

'버릴 수는 없으니 먹어야지.'
늘 이런 기분으로 남은 식빵을 꾸역꾸역 먹곤 하지요. 하지만
마지막 한 장이기 때문에 오히려 맛있게 만들 수 있는 요리법이
있답니다. 수분이 조금 날아간 식빵은 염분이나 지방분과
찰떡궁합. 베이컨에서 나오는 기름이나 드레싱을 빵이 흡수해
'반찬'에 가까운 한 그릇이 완성됩니다. 이 맛을 알게 되면
오히려 마지막 한 장이 남기를 애타게 기다리게 될지도 몰라요.

베이컨 토스트 볶음

재료(1인분)

식빵 … 1장
베이컨 … 2장
파슬리 … 적당량
식용유 … 적당량
홀그레인 머스터드 … 1큰술

만드는 법

1 빵은 9등분으로 자른다. 베이컨은 2cm 폭으로 자른다.

2 프라이팬에 기름을 얇게 바른 뒤 빵을 바닥에 깔고
베이컨을 올려 중불에 굽는다. 2분 정도 굽고 빵을
뒤집는다. 베이컨이 살짝 수축하면 다 같이 섞으며
볶아준다.

3 그릇에 담는다. 손으로 대충 찢은 파슬리를 뿌리고
홀그레인 머스터드를 곁들인다.

크루통 샐러드

5 min 후다닥

재료(1인분)

식빵 … 1장
어린잎 채소 … 50g
방울토마토 … 6개
드레싱 … 적당량

만드는 법

1 2cm 주사위 모양으로 자른 식빵을 프라이팬에 넣고 중불에서 바삭해질 때까지 볶는다. 또는 종이 호일을 깐 내열 그릇에 담아 랩 없이 전자레인지에 1~2분 돌린다.

2 토마토는 반으로 잘라 어린잎 채소와 함께 그릇에 담는다. 드레싱을 뿌리고 완성된 크루통을 올린다.

베이컨 말이 토스트

5 min 후다닥

재료(1인분)

식빵 … 1장
베이컨 … 4장

만드는 법

1 프라이팬을 중불로 예열하면서 식빵을 막대 모양으로 4등분해 베이컨을 끝에서부터 돌돌 만다.

2 돌돌 만 베이컨의 끝부분이 아래로 오게 프라이팬에 올린다. 2~3분 정도 굴려가며 색이 날 때까지 구워준다.

숙성 프렌치토스트

찌뿌둥한 아침도, 딱딱한 빵 귀퉁이도 다 사르르 녹아버릴 듯
달콤한 프렌치토스트입니다.
말랑말랑한 식감의 포인트는 바로 밤사이 빵을 재워두는
것입니다. 당신이 잠든 사이, 계란물이 빵에 확실히 스며들어
아침에는 굽기만 하면 끝. 그것만으로 더없는 행복을 맛볼 수
있지요. 이 한순간을 위해서라면, 평소보다 10분 정도 일찍
일어나는 것 따위 식은 죽 먹기랍니다.

재료(2인분)

바게트 … 3cm 두께로 4조각
A 달걀 … 2개
  우유 … 1/2컵
  설탕(혹은 꿀) … 2~3큰술
버터 … 10g
메이플 시럽 … 적당량

만드는 법

1 전날 밤 볼에 달걀을 깨 넣고 풀어준다. 설탕을 넣고 조금씩 우유를 섞는다. 계란물을 오목하고 넓적한 접시에 붓고 빵을 앞뒤로 흠뻑 적신다. 냉장고에 넣어둔다. (아침에 재울 경우 15분 이상 재운다.)
2 프라이팬(26cm)을 중불에 올리고 버터를 넣어 녹으면 빵을 넣는다.
3 약한 중불에서 3~4분, 뒤집어서 다시 3~4분 굽는다.

귀퉁이가 바뀌면 맛도 바뀐다

'프렌치토스트는 귀퉁이를 먹는 음식'이라고 이야기하는 사람들도 있을 정도인데요, 그만큼 어떤 빵의 귀퉁이냐에 따라 맛도 느낌도 꽤 달라집니다. 여러 종류의 빵을 적셔 멋대로 비교하며 먹어봤습니다.

잉글리시 머핀

귀퉁이 부분은 너무 부들부들하지 않고 비교적 단단한 느낌. 전체적으로 통통한 식감이 절묘하다.

레시피 분량 머핀 3~4개분

식빵

귀퉁이 부분에 고소한 향기가 남아 있고, 하얀 빵 부분은 부드럽다. 계란과 우유의 맛을 충분히 느낄 수 있는 가장 기본적인 프렌치토스트.

레시피 분량 식빵 2장분

건포도빵

껍질이라고 불러야 할 만큼 귀퉁이가 얇기 때문에 계란물이 스며들고 나면 그 존재감이 사라질 정도로 촉촉하다. 건포도의 단맛과 풍미가 강해 디저트 빵에 가깝다.

레시피 분량 건포도빵 4개분

구운 베이글과 아이스크림

쫄깃쫄깃한 반죽으로 만든 베이글은 구운 뒤 금방 식지 않아
차가운 아이스크림과 조화롭게 어울립니다. 맛있는 것에 맛있는
것을 얹어서 먹으니 그 맛은 의심할 여지가 없지요. 아이스크림을
사고 베이글을 굽기만 하면 완성되는 너무나 간단한 메뉴인데
이렇게나 행복해지는 맛이라니, 좀 치사하죠?

후다닥

딸기 아이스크림

쿠키 바닐라
아이스크림

바닐라
아이스크림

곱셈으로 시작하는 하루

오늘의 아침밥은 아이스크림과 베이글을 구매한 시점에서 이미 승부가 났습니다.
이 두 가지를 곱해 만들어지는 맛은 무궁무진하기 때문에 매일매일이 실험이지요.
다 먹을 수 없을 것 같다면 뚜껑을 덮고 다음 날 또 먹는 것도 당신의 자유!

블루베리 베이글

초코 베이글

플레인 베이글

플레인 베이글 x 쿠키 바닐라 아이스크림 = 어떤 맛?

드디어 나왔네요. 그야말로 저 같은 귀차니스트를 위한 메뉴! 짭짤한 베이글과 달콤한 아이스크림!
정말이지, 아침부터 달릴 수밖에 없는 '폭주족' 같은 조합입니다. 여름에는 요거트 아이스크림을
추천해요. 세계에서 가장 상큼한 폭주족이랍니다.

춘권피 랩

춘권피는 이미 구워져 판매됩니다. 즉, 조리 없이 그대로 먹을 수
있는 음식이라는 사실! 알고 계셨나요?
속 재료를 잔뜩 준비해 김 대신 춘권피로 말아 뷔페 스타일로
즐겨보는 건 어떨까요. 춘권피는 어떤 재료와도 잘 어울리기
때문에 조리된 반찬이나 제품을 사서 그냥 늘어놓기만 해도 OK.
매일 똑같은 아침을 특별하게 시작해보세요.

어떤 재료든
돌돌

푸른 차조기 잎 + 명란젓

양상추 + 햄

김 + 슬라이스 치즈

남은 반찬

후다닥
3 min

어떻게 먹을까?

- 냉장고에 보관된 춘권피는 딱딱하기 때문에 미리 꺼내
  상온에 10분 정도 둡니다.
- 춘권피 1봉지를 반으로 잘라 1장씩 살살 떼어주세요.
- 추운 날에는 랩에 싸서 전자레인지에 살짝 데우면 브리또
  같은 느낌으로 먹을 수 있어요.
- 냉동도 해동도 자유자재랍니다.
- 양념이 강한 속 재료가 잘 어울립니다.

내 맘대로

프라이팬 브레드

발효시킬 필요가 없기 때문에 반죽이 완성되면 바로 구워 먹을 수 있는 간단한 빵입니다. 촉촉하고 쫀득쫀득한 식감에 구수한 밀의 맛이 잘 느껴지는 소박한 스콘. 이왕 반죽부터 만드니 느긋한 휴일에 모두가 좋아할 만한 모양을 생각하면서 창의적으로 만들어봅시다.

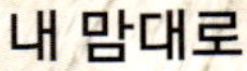

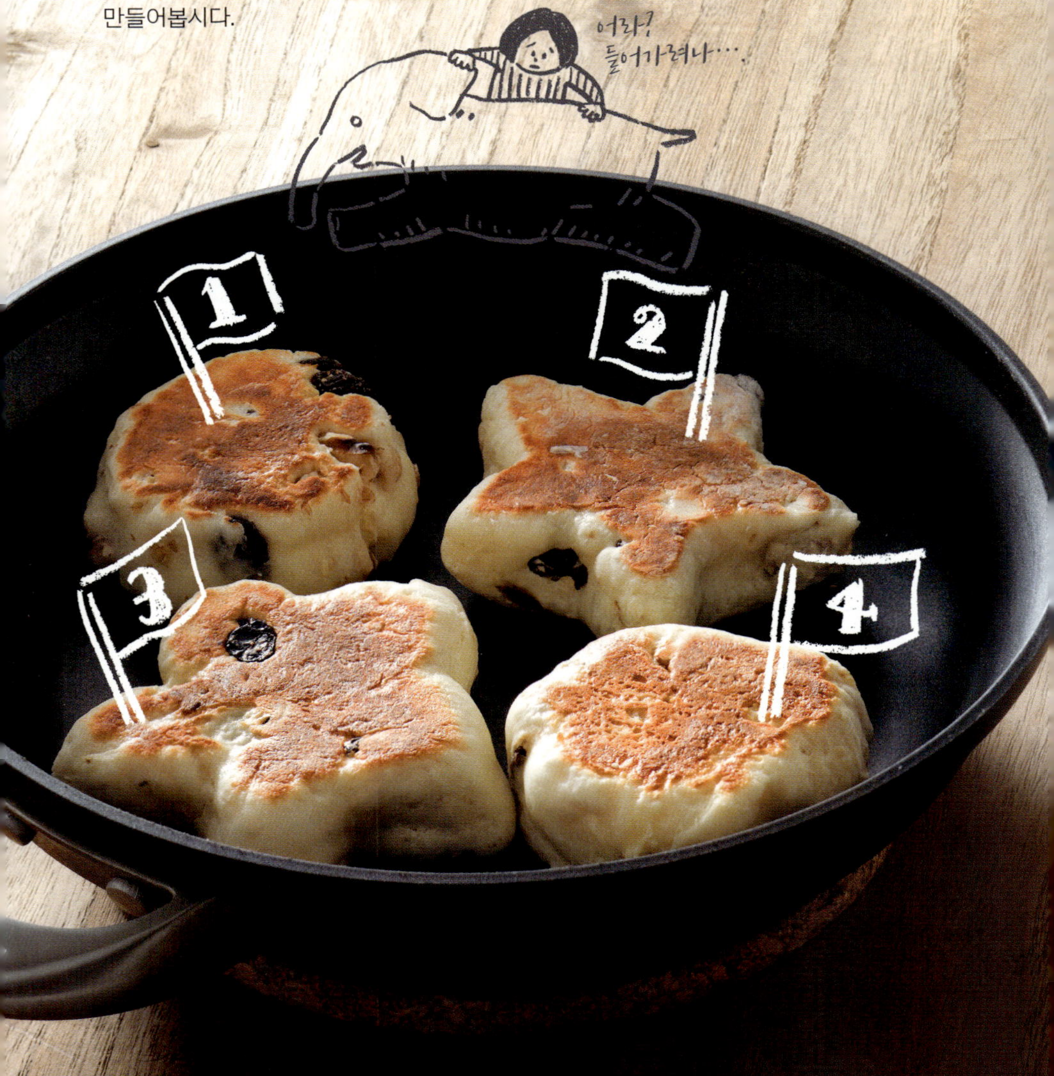

재료
(8개분 … 직경 6cm,
　　두께 2cm)

A | 박력분 … 200g
　 | 설탕(흑설탕 추천) … 30g
　 | 소금 … 1/2작은술
　 | 베이킹파우더 … 8g
　 | 건포도 … 50g
　 | 으깬 호두 … 30g
플레인 요거트 … 150g

만드는 법

1 A를 볼에 넣고 섞는다. 중앙에 홈을 파고 플레인 요거트를 넣는다.

2 가루를 중앙의 홈을 향해 무너뜨린다. 손가락 끝으로 가볍게 섞고
반죽을 종이 접는 것처럼 하나로 뭉쳐준다.

3 손에 밀가루를 적당히 묻히고 반죽을 8등분하여 좋아하는 모양으로
만든다.

4 4개씩 굽는다. 프라이팬(26cm)을 중불에서 1분 동안 예열한 뒤 반죽을
넣고 뚜껑을 덮어 3~4분 굽는다. 뒤집어서 가볍게 눌러준 뒤 다시
뚜껑을 덮고 약불에서 6~8분 굽는다.

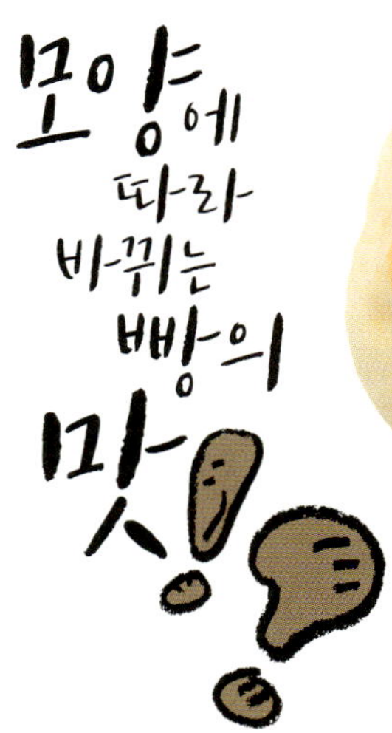

프라이팬 브레드는
모양에 따라
식감과 맛이 조금씩
달라진답니다. 다양한
모양으로 만들어
비교하며 먹어보세요.
대화가 무르익으면
맛도 두 배가 될 거예요.

얼굴

베어 먹을 때
어쩐지 미안해져

고양이 발바닥 젤리

젤리처럼 말랑말랑

리모컨

어떤 채널로 바꿔볼까

오늘이 생일인 당신,
축하해요!

이니셜

누군가의 생일 선물로!

지금 바로 피크닉

가까운 공원이나 아파트 벤치 혹은 집 베란다도
좋아요. 밥 먹는 장소를 바꾸면 그게 바로
피크닉이죠. 빛나는 태양 아래 신선한 공기를
마시며 먹는 아침밥. 그것만으로도 색다른 기분이
든답니다.

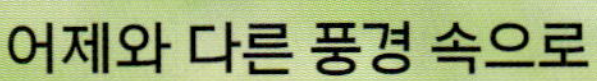

피크닉용 바게트

바게트를 준비해서 깊게 칼집을
냅니다. 그리고 곁들일 재료를
준비하면 끝! 먹기 직전에 바로
만들기 때문에 빵이 눅눅해지지
않아요.

끼워 먹기

빵에 지지 않을 만큼 든든한 재료를 준비합니다.
가장 배고플 때 첫 번째 타자로 딱이지요.

재료
· 계란말이, 채 썬 양배추
· 고구마 튀김, 무순
· 훈제 연어, 아보카도

얹어 먹기

이걸로는 부족하다고요? 그렇다면 다음 타자는
경쾌하게 가보죠. 달콤함을 더해 변화를 주는
방법이랍니다.

재료
· 땅콩버터, 바나나
· 토마토, 올리브오일, 참치 통조림
· 카망베르 치즈, 햄, 마멀레이드

찍어 먹기

동화처럼 빵 부스러기에 작은 새가 찾아와 쪼아
먹는 일이 일어날지도 몰라요. 와인과 함께해도
좋아요. 이것이 어른의 삶!

재료
· 명란젓＆크림치즈
· 감자 범벅 샐러드
· 크림치즈＆매실 장아찌＆고추냉이

행복한 피크닉 예절

1 피크닉 매트는 펄럭,
한 번에 펼칩니다

이제부터 맛있는 것을 먹는다는 기
대감이 올라간답니다.

2 같은 맛을 계속해서 먹지
않습니다

맛의 차이를 느끼고 그 차이에 대
해 대화를 나눕니다. 그것만으로
대화에 물이 오를 거에요.

3 정리는 다 같이

모두가 즐거운 기분으로 피크닉을
마무리하는 방법은, 바로 다 같이
뒷정리를 하는 것!

파리 호텔 스타일

파리의 호텔에서 느긋하게 맞이하는 아침을
연출하고 싶다면 달콤한 아침밥으로 작은 사치를
부려보는 건 어떨까요?
충분히 달콤해졌다면 계핏가루와 후추를 더한
스파이시 카페오레로 깔끔하게 마무리!

뉴욕 카페 스타일

세계를 누비느라 바쁜 와중에도 건강에 신경
쓰는 사업가를 테마로 한 아침밥. 소화, 흡수가
쉬운 빵을 메인으로 달걀의 단백질, 채소, 과일의
효소까지 고루 챙겼습니다. 아침부터 활력을 잔뜩
충전할 수 있는 아침밥입니다.

빵 선생 인터뷰

Q 바빠서 아침에 식빵 한 장 겨우 먹고 나가는 저,
영양 면에서 괜찮을까요?

A 뭘 먹든 아침을 안 먹는 것보다는 나아.
피자 토스트라면 영양도 완벽하지.

겨우 한 장이라니, 우습게 보이고 말았군.
나의 주된 영양소는 탄수화물이지. 그러니까 몸을 움직이는 에너지는
얻을 수 있다 이거야. 샐러드를 곁들이면 더 좋겠지만 말이지. 하지만
바쁠 때는 챙기기 어려울 거야. 그래서 내가 추천하는 건 말이지,
식이 섬유가 많은 곡물빵에 토마토, 햄, 계란, 치즈를 얹은 피자
토스트야. 이거 하나만 먹어도 영양 균형을 맞출 수 있거든. 평범한
식빵이라도 식이 섬유를 보충할 수 있는 야채나 반찬을 얹으면
완벽하다네!

Q 호밀빵, 통밀빵, 배아빵, 잡곡빵….
뭐가 다른 건가요?

A 좋아 설명해주지. 잘 듣게나.

통밀빵은 도정하지 않은 밀가루로 만든 빵이야.
잘 부풀지 않는 대신 묵직하고 쫀득하면서 씹는 맛이 있지.
배아빵은 밀에서 추출한 배아를 더해 만든 빵이야.
배아만의 독특한 씁쓸함과 단맛이 있고 좋은 향기가 나지.
호밀은 밀보다 단백질, 지방질이 적어서 촉촉하고 가벼운
식감을 내주지. 잡곡빵은 보리, 피, 깨, 아마란스 등 다양한
잡곡을 배합한 빵이야. 모두 흰빵보다는 식이 섬유,
비타민B군, 비타민E 등 영양소가 많이 들어 있다는 게 큰
장점이지.
그럼 이런 빵만 먹으면 건강해지느냐 물어보면, 이거 참
곤란하다고. 너무 과한 기대는 말아주길. 그렇지만 곡물이
몸에 좋다는 건 엄연한 사실이지. 언젠간 효과가 나타날
거라 믿어보게나!

Q 아침밥으로 빵을 먹으면
역시… 살이 찌겠죠?

A 어떤 빵을 먹느냐에 따라
다르겠지.

빵을 먹는다고 무조건 살이 찌는 건
아니야.
물론 우리가 너무 맛있는 탓이 크겠지만,
몇 장씩이나 먹는 사람도 있는가 하면
기름진 재료를 듬뿍 올려 먹는 사람도
있잖아? 크루아상 백작이나 브리오슈
선배처럼 맛있는 빵에는 버터 같은
지방이나 당분도 많이 들어 있고
말이야. 나를 먹고 살이 찌는 건 역시
내가 맛있기 때문이지. 그래 인정해.
참 죄 많은 남자로군, 나란 식빵은….
하지만 절망하지 말라고. 비책이
있으니까 말이야. 앞으로 나를 먹을
때는 꼭꼭 씹어서 먹어봐. 침이 많이
분비되면 포만 중추가 쉽게 자극돼 먹는
양이 줄어들지.
즉, 살이 찌지 않는다 이 말씀!

점심까지 포만감이 지속되는

쌀로 만든 아침밥

한국 사람은 밥심으로 산다는 이야기가 있지요. 어떻게 지나갔는지도 모를 정도로 정신없는 하루가 끝난 날, 따뜻한 밥 한 그릇은 지친 몸과 마음을 위로해줍니다.

쌀은 알갱이 형태라 소화, 흡수에 시간이 걸리기 때문에 포만감이 오래 지속되지요. 그런데 그 포만감 때문에 '아침으로 먹기엔 부담스럽다'고 생각하는 분들도 있을 겁니다. 그래서 쌀로 만들었지만 가볍게 즐길 수 있으며 한층 '새로운 맛'도 더할 수 있는 손쉬운 아침밥 레시피를 준비했습니다.

쌀은 김치나 젓갈 같은 밑반찬은 물론 마요네즈나 아보카도 같은 다양한 식재료도 모두 받아줄 만큼 마음이 넓습니다. 장아찌나 조림 등 일상적인 반찬도 새로운 방법으로 접근하면 더 깊은 맛을 느낄 수 있답니다. 분명 만족스러운 아침밥이 될 거예요.

쌀로 만든 아침밥의 장점
- 꼭꼭 씹어 먹기 때문에 침이 활발하게 분비되고 포만 중추를 자극해 과식을 막아준다.
- 짭짤한 반찬 하나만 있어도 먹을 수 있기 때문에 과도한 칼로리 섭취가 준다.
- 현미는 채소나 마찬가지일 만큼 비타민B군, 식이 섬유와 같은 영양소가 가득 들어 있다. 포만감도 오래간다.

후루룩 마시는 즐거움

오차즈케

갓 지은 따끈따끈한 밥에 명란젓 한 덩이. 이 단순하지만 맛있는 한 그릇을 더 맛있게 만들어주는 것이 바로 뜨거운 물, 특히 '찻물'입니다.

밥이 반 정도 남았을 때, 뜨거운 찻물을 부어줍니다. 찻물의 열기에 살짝 익은 명란젓은 입 안에서 톡톡 터지고, 찻물에 밥의 감칠맛이 녹아들어 술술 잘 넘어가지요. 찻물을 붓기 전과 전혀 다른 식감과 맛을 즐길 수 있답니다.

바쁜 아침에는 반찬 몇 가지 준비하는 것도 쉬운 일이 아니지요. 하지만 변화는 식사를 더 즐겁게 합니다. 작지만 기분 좋은 변화를 가져다주는 메뉴, 바로 오차즈케(お茶漬け)랍니다.

후다닥 1 min

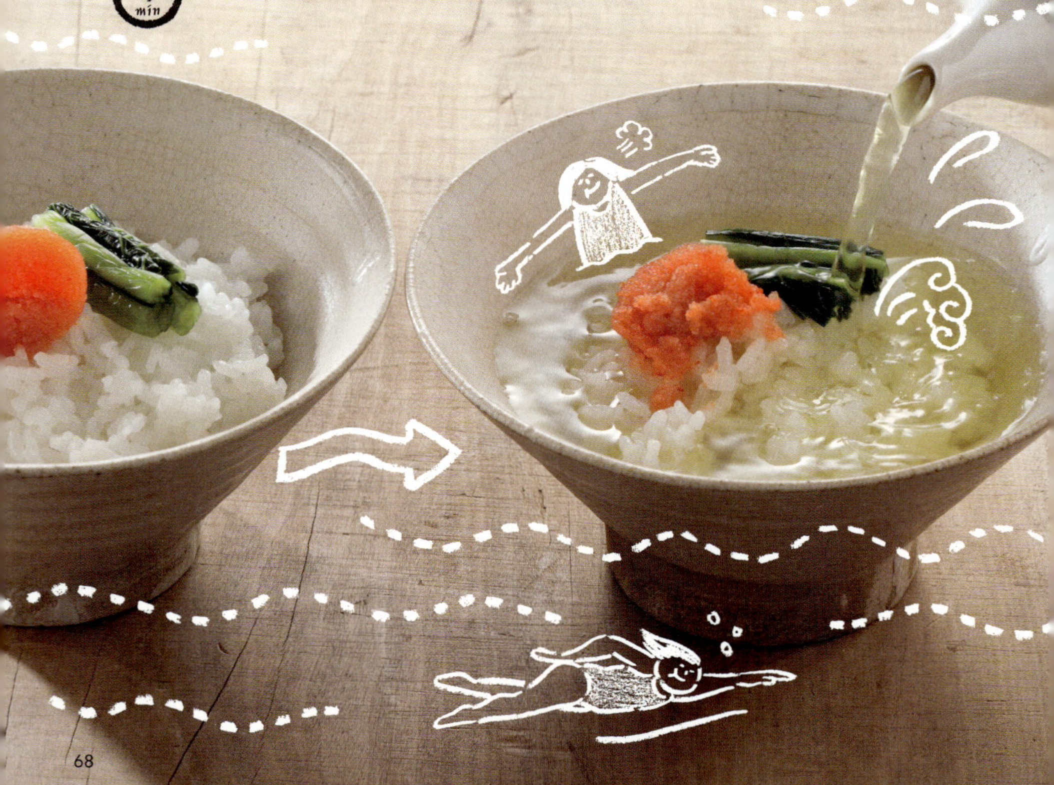

밥의 진정한 가치를 깨닫게 해주는
반찬의 진수

밥상에 매일같이 오르는 반찬은 밥을 더 맛있게 만들어주는 훌륭한 요리죠.
작은 그릇에 담아 죽 늘어놓으면 마치 불교의 가르침을 시각화한 만다라 그림처럼,
진정한 밥의 가치를 느끼게 해주는 아침밥이 완성됩니다.

매실 장아찌

짭짤하고 시큼한 맛이 밥의
단맛을 극대화해주지요.
오차즈케의 단골 손님입니다.

팽이버섯 조림

팽이버섯은 팽나무에서 나는
팽나무버섯이라는 거 알고
계셨나요? 팽이와는 아무런
상관도 없다는 충격적인 사실.

자반 연어

전날 밤 미리 구워 대충 살을
발라두면 아침에 편하게 먹을
수 있어요.

노자와나(野沢菜)

무청의 일종인 노자와나는 어떤
반찬과도 잘 어우러집니다.
혈액형이 있다면 분명 O형일
거예요.

명란젓

뜨거운 물을 부으면 입
안에서 톡톡 터지는
재밌는 식감으로 변해요.
살짝 매콤한 맛에
자꾸만 손이 가지요.

김 조림

설명이 필요 없는 일본의 국민
반찬. 뜨거운 물을 부으면
바다의 향이 가득 퍼집니다.

뱅어

바다와 생선의 맛을 가장 쉽게
만끽할 수 있게 해주는 뱅어.
뜨거운 물을 부으면 감칠맛이
더 풍부해지지요.

베이컨

살짝 구우면 반찬으로도
훌륭하지요. 고소한 베이컨
기름과 밥의 단맛의 조화가
환상입니다.

뱅어+마요네즈+폰즈

뱅어만으로도 충분히 맛있는데 마요네즈와 폰즈까지 더해지면 게임 끝. 마요네즈와 폰즈가 잠기지 않도록 차를 부어주면 뱅어의 감칠맛이 천천히 찻물에 녹아듭니다.

찻물을 부으면 이렇게!

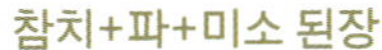

참치+파+미소 된장

주먹밥 속 재료로도 사용할 수 있는 참치 미소 된장. 여기에 차를 부으면, 깊은 맛이 일품인 미소 된장 국밥으로 변신하지요. 참치에서 나오는 기름기는 밥과도 잘 어울리며 포만감을 높여준답니다.

매실 장아찌+김+고추냉이

찻물을 붓기 전에 매실 장아찌와 김을 반찬 삼아 밥을 먹습니다. 찻물을 붓고 나서는 간장을 한 바퀴 두르고 고추냉이를 살짝 풀어줍니다. 찡하고 울리는 고추냉이의 신선한 향이 코를 뚫어줍니다.

**다시마 간장 절임+
푸른 차조기 잎+명란젓+
마요네즈**

먼저 다시마 간장 절임과 명란젓을
밥과 함께 맛있게 먹습니다. 찻물을
부으면 순식간에 뒤섞여 조화를 이
루는데 풍미가 확 바뀌어 무심코 '우
앗!' 하고 외치게 될 거예요.

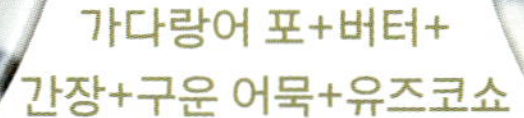

**가다랑어 포+버터+
간장+구운 어묵+유즈코쇼**

버터 간장 밥. 여기에 찻물을 부으면
유즈코쇼의 상큼한 향기가 퍼지면서
개성 강한 재료들을 하나로 모아줍
니다. 어묵에서 나오는 감칠맛도 제
대로 한몫하지요.

꼬마 김밥

아침에는 누구나 시간에 쫓기기 마련이지만 바쁘다고 아침을
거르면 기운이 나질 않습니다. 뭐라도 먹어야 해요. 그럴 때
진가를 발휘하는 것이 바로 이 꼬마 김밥! 꼬마 김밥의 가장 큰
특징은 뭐니 뭐니 해도 먹기 편하다는 것입니다. 바쁜 현대인의
아침에 딱 맞는 메뉴죠.

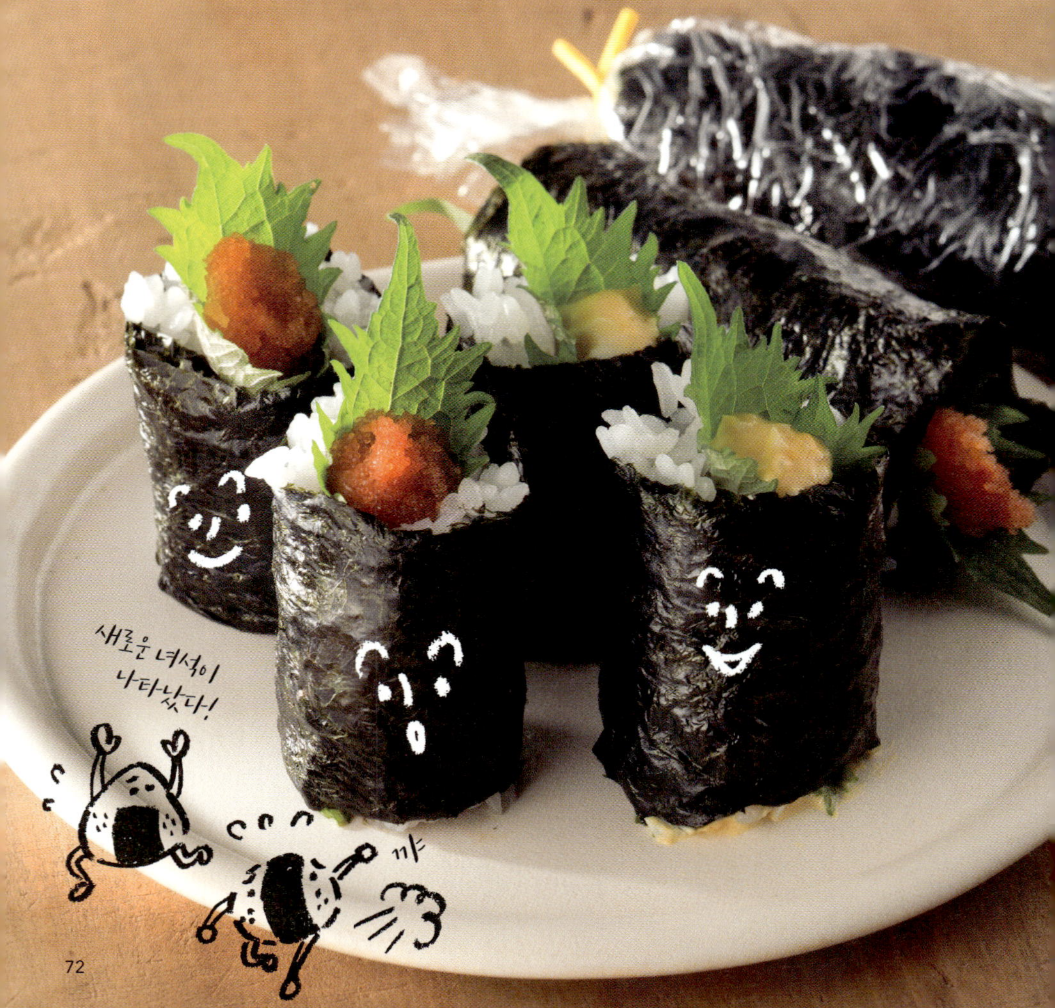

재료(2줄 분량)

김밥용 김 … 1장
밥 … 120g
깻잎 … 4장
속 재료 … 3~4큰술
(달걀 샐러드, 명란젓,
 연어 플레이크, 소시지 등.
 남은 반찬도 OK)

만드는 법

1 김은 반으로 자른다.

2 도마 위에 랩을 깔고 김을 세로로 놓는다.

3 60g 정도씩 밥을 얹고 넓게 펴 깐다. 깻잎과 재료들을 가운데 오도록 밥
  위에 놓고 돌돌 말아준 뒤 랩으로 감싼다.

✓ 김을 길게 4등분한 후 밥을 30g씩 얹어 말면 한입 크기로 만들 수 있습니다.

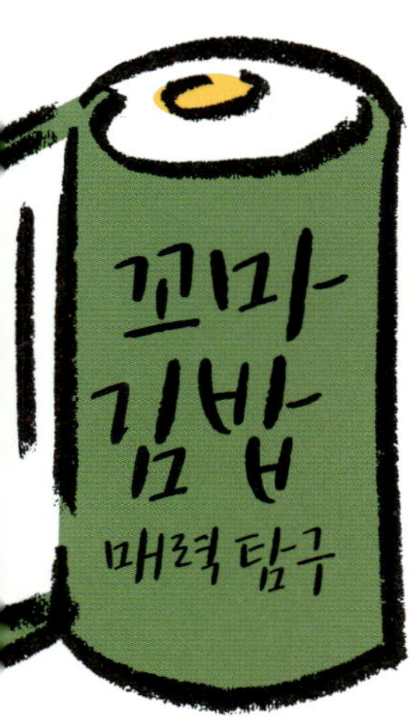

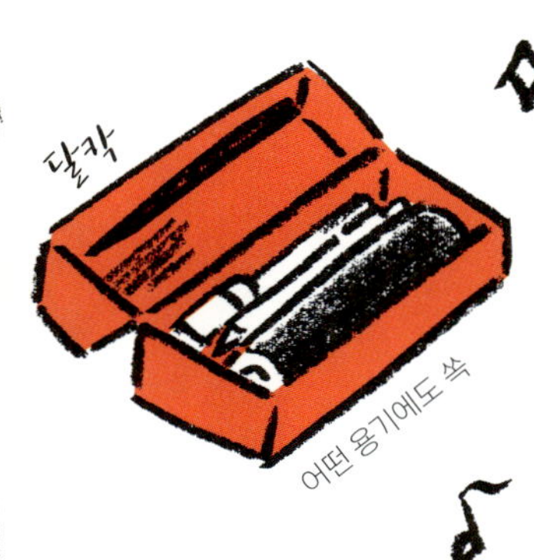

그릇을 사용할 필요가 없지요

옷을 입으면서 냠냠.
화장하면서도 냠냠.
싸서 다니기도 쉽고 입에
쏙 집어넣을 수 있는
크기라 주먹밥보다 더
편하게 먹을 수 있지요.
하지만 그 안에는 무한한
잠재력이!

손재주가 좋다면 무늬
만들기에 도전해보세요

돌돌 마는 것도 즐거워요

가끔은 모자이크용으로

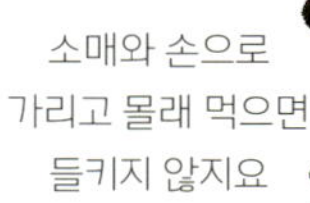

소매와 손으로
가리고 몰래 먹으면
들키지 않지요

주의
먹을 것으로 장난을 쳐서는 안 됩니다

낫토엔 무조건 간장과 겨자?

오늘의 낫토

어서 오세요. 여기는 낫토 애호가들의 낙원! 낫토를 좋아하지
않는 분들은 바로 다음 장으로 넘어가셔도 좋습니다.

낫토는 다양한 얼굴을 가진 식재료입니다. 미식가로 명성이
높았던 일본의 예술가 기타오지 로산진(北大路魯山人)은 '낫토는
몇 번 휘저었을 때 가장 맛있는가'를 실험해보는 등 낫토 연구에
열성이었다고 합니다.

여러분도 이제 낫토 팩에 붙어 있는 간장과 겨자를 아무 생각
없이 뿌리던 날들에 안녕을 고할 때가 되었습니다. 낫토의
새로운 얼굴을 이끌어낼 매력적인 파트너를 소개합니다.
오늘의 낫토는 어제까지의 낫토와는 전혀 다를 거예요.

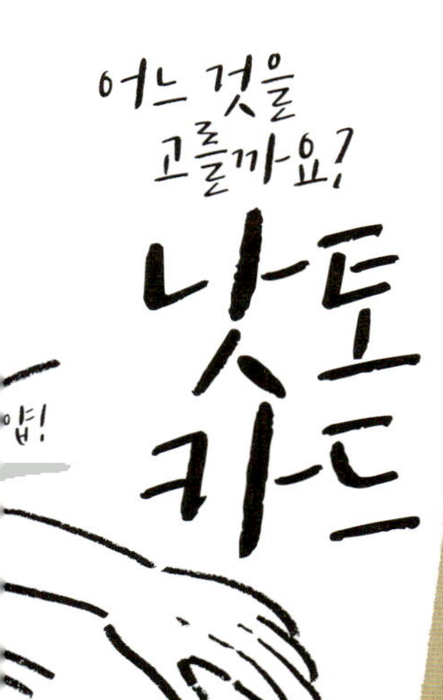

어느 것을
고를까요?
낫토
카드
얍!

그렇게 놀랄 것 없어요
지중해 스타일
낫토
소금
아보카도
올리브오일

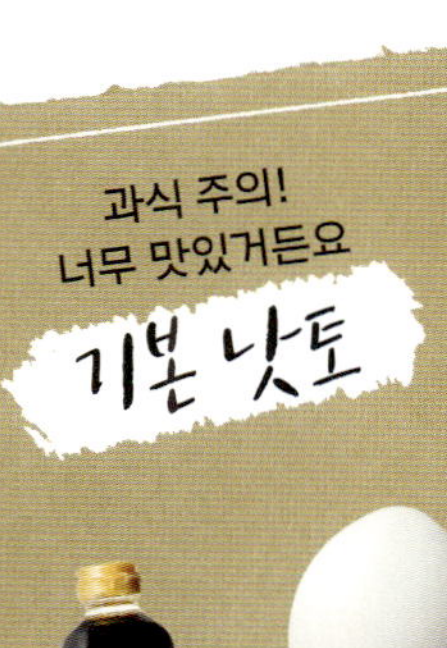

과식 주의!
너무 맛있거든요
기본 낫토
간장
날계란

남김없이 먹고 싶은
유자향 낫토
유즈코쇼
마요네즈
대파

훌륭한 한 그릇
일품 낫토
양파
간장
참치

최종 보스 치즈 등장!
부드러운 낫토
간장
가다랑어 포
크림치즈

우리 집 추천 메뉴
중화풍 낫토
간장
참기름
무순

끈적함이 두 배!
끈끈 콤비 낫토
간장
미역귀 무침

불 없이 만드는 3분 덮밥

참치 토마토 치즈 덮밥

부드럽게 녹은 치즈와 신선한 토마토, 참치의 감칠맛이
조화롭게 어우러지는 한 그릇입니다.

재료(1인분)

밥 … 150g
슬라이스 치즈 … 1장
참치 통조림(小) … 1개
간장 … 1작은술

만드는 법

토마토를 주사위 모양으로
자른다.
따끈따끈한 밥 위에 치즈를
올리고 토마토와 국물을
제거한 참치를 순서대로
올린다. 마지막으로 간장을 한
바퀴 둘러준다.

후다닥
3 min

덮밥과 함께 카모마일 차

카모마일 차의 은근한 쌉쌀함이 미각을
깔끔하게 정리해줍니다. 덕분에 먹는
내내 각각의 재료가 하나의 맛으로
어우러지는 과정을 몇 번이고 즐길 수
있죠.

미역 두부 명란 덮밥

명란젓과 두부의 부드러운 식감에 촉촉한 미역이 더해져
밥이 술술 저절로 넘어가는 한 그릇입니다.

재료(1인분)

밥 … 150g
두부 … 1/2모
A | 마른 미역 … 5g
　 | 명란젓 … 1/2 덩어리
　 | 참기름 … 1작은술
　 | 간장 … 1작은술

만드는 법

두부에 A를 순서대로 넣고
섞어서 뜨거운 밥 위에 얹어
먹는다.

후다닥
3 min

덮밥과 함께 현미 차

입 안에 남아 있는 명란젓의
희미한 매운 맛과 현미의
구수한 향이 잘 어우러집니다.
뒷맛이 깔끔해 자꾸 마시게
되지요.

아보카도 유즈코쇼 덮밥

부드러운 아보카도에 유즈코쇼의 풍미가 더해진 세련된
한 그릇. 아침부터 카페에서 식사하는 듯한 기분을 만끽할
수 있습니다.

재료(1인분)

밥 … 150g
아보카도 … 반 개
A │ 유즈코쇼 … 1/2작은술
　│ 올리브오일 … 2작은술
　│ 식초 … 1작은술
조미 김 … 2장

만드는 법

따끈따끈한 밥 위에 손으로
대충 찢은 김을 뿌리고
아보카도를 한입 크기씩
숟가락으로 떠서 올려준다.
A를 소스처럼 뿌린다.

후다닥
3 min

입가심으로 로즈힙 차를 마시면
유자 향만 남기고 입 안의
기름기를 싹 씻어준답니다.

짜사이 세멸치 견과류 덮밥

견과류의 고소함이 짜사이의 풍미와 어우러집니다.
깜짝 놀랄 정도로 밥과 잘 어울리죠.

재료(1인분)

밥 … 150g
A
- 짜사이 … 20g
- 견과류 믹스 … 20g
- 세멸치 … 1큰술
- 쪽파 … 3줄
- 참기름 … 1작은술

만드는 법

A를 적당히 섞어 따끈한 밥
위에 올려 먹는다.

후다닥
3
min

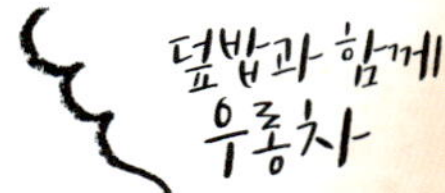

우롱차도 기름기 있는 음식과
궁합이 좋습니다. 입 안을
깔끔하게 해주지요.

따뜻한 위로의 죽

"감기에 걸린 것 같아." "나른하고 식욕이 없어."
이럴 땐 역시 '죽'이지요. 죽은 보통 생쌀을 끓여 만들지만
이 죽은 이미 지어놓은 밥으로 만듭니다. 밥을 하룻밤
물에 불리는 것이 포인트. 이렇게 하면 생쌀로
죽을 끓였을 때와 점성이 비슷해집니다.
밥알이 부서지지 않고 탄력 있는
죽이 완성되지요.
이제 남은 것은 내 몸에 맞는
식재료를 더해 지친 몸을
위로해주는 것뿐입니다.
아프지 말아요 우리.

재료(1인분)

밥 … 100g
A | 물 … 1/2컵
  | 소금 … 한 꼬집
  | 다시마 … 2cm 조각 1장

만드는 법

1 전날 밤 A에 밥을 넣고 냉장고에 둔다.

2 냄비(16cm)에 옮기고 부글부글 끓어오를 때까지 끓인다.

✓ 당일 아침에 만들 때는 냄비에 A를 넣고 끓어오르면 밥을 넣고 중불에서 3분간
끓인다.

약이 되는 레시피

흰죽, 야채죽, 참치죽,
잣죽… 다양한 변주로
우리 곁을 지켜온 죽. 몸이
아플 때, 또 마음이 지쳤을
때 죽을 먹으면 몸속 저
깊은 곳부터 구석구석
채워져가는 감각을 느낄
수 있답니다.

숙취
→ 매실 장아찌죽

매실 장아찌를 넣고 끓인 후
그릇에 담고 무순을 올려줍니다.

매실 장아찌

무순

감기
→ 더블 생강죽

얇게 저민 생강을 넣고 끓인 죽에
간 생강을 올려주세요. 간장이나
참기름과 무척 잘 어울린답니다.

저민 생강

간 생강

식욕 저하
→ 계란죽

레시피의 물 1/2컵을 두유나
우유로 바꿉니다. 휘휘 푼 계란을
넣고 끓인 후 채 썬 다시마 간장
절임을 올려 장식해주세요.

두유

계란

다시마
간장 절임

저기압
→ 좋아하는 건 뭐든지

기분이 안 좋을 때는
뭐든 좋아하는 것을 올려 먹어요.

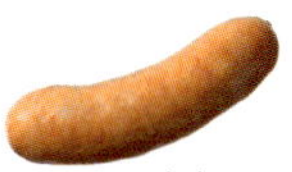

소시지

자반 연어

치즈

버터

초심자를 위한 현미밥 짓기 강좌

비타민 B군이나 식이 섬유 등 풍부한 영양소를 함유한 현미. 채소에 가깝다고 해도 과언이 아닐 정도이지요. 하지만 몸에 좋다는 걸 알아도 밥 짓기가 어려울까 봐 아직 시도해보지 못한 분들도 계실 거라고 생각합니다. 실은 매우 간단하답니다. 이 기회에 꼭 한번 도전해보세요.

도대체 현미란 무엇인가요?

벼를 탈곡한 것이 바로 현미입니다. 현미를 정미한 것이 백미이지요. 그러니까 현미란 '정미하지 않은 쌀'입니다. '쌀겨'라고 부르는 쌀의 껍질이 그대로 붙어 있는 쌀이지요.

요즘은 슈퍼마켓에서도 현미를 팔고 있지만 쌀집에서 사는 편이 더 확실합니다. 무게를 달아서 소량씩 판매하는 곳도 있으니 점원에게 물어보는 것이 좋겠지요.

✓ 현미와 백미를 1대1 비율로 섞었을 때는 쌀 씻는 방법이나 물 양, 취사 모드 전부 백미로 밥을 지을 때와 똑같이 하면 됩니다.

밥솥에 현미 모드가 없다면 아래의 방법을 따라 해보세요.

재료

현미 … 300g
물 … 하룻밤 불려 둘 때는 500ml,
　　　뜨거운 물로 금방 불릴 때는 550ml

만드는 법

1　현미를 채반에 담아 가볍게 씻어주고 물을 버린다. 2~3회 반복한다.

2　잠길 정도로 물을 붓고 냉장고에서 하룻밤 불린다. 급할 때는 뜨거운 물을 가득 붓고 10분간 불린다.

3　밥솥에 현미와 물을 넣고 평평하게 펴준다.

4　백미 모드로 밥을 한다.

현미는 물을 많이 빨아들이지 않기 때문에 카레처럼 묽은 음식과 궁합이 백미 이상으로 좋답니다. 샐러드에 콩류 대신 활용해보는 것도 추천합니다.

가장 일본적인 아침밥

일본이 자랑스럽게 여기는 '진심을 담은 대접'의 정신을
재현했습니다. 예부터 이어져 내려오는 일본 요리들은 접시
하나하나 따스한 온기를 지니고 있지요. 지친 몸을 부드럽게
데워주고 몸의 기능이 정상적으로 유지될 수 있게 해줍니다.
마음이 안정되는 차분한 아침을 맞이하고 싶다면 이런 아침은
어떠신가요?

말린 생선 구이

말린 생선은 냉동할 수도 있고 굽는 시간도 짧습니다.
가장 좋은 점은 구울 때 비린내와 연기가 거의 나지
않는다는 것! 사람들이 선호하지 않는 식재료에
속하지만 사실 말린 생선은 조리하기가 매우
쉽습니다. 요리용 호일을 이용하면 프라이팬을 씻을
필요도 없답니다.

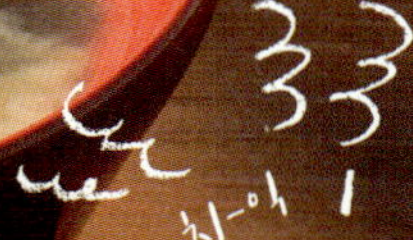

프라이팬에 말린 생선 굽기

달궈진 프라이팬에 기름을 두르고
그대로 중불에서 굽기만 하면 끝!
그릇에 담을 때 위로 향할 몸통
안쪽부터 굽는 것이 포인트입니다.
양면이 노릇노릇해지고 좋은 냄새가
나기 시작했다면 완성이에요.

쌀님 인터뷰

Q 밥에는 당질 외에 어떤 영양소가 들어 있나요?

A 단백질과 식이 섬유도 균형 있게 들어 있지.

밥은 에너지밖에 생성하지 못한다고 생각하는 자네, 내가 정말이지 우스워 듣고 있을 수가 없군. 나로 말할 것 같으면 단백질, 지방질, 비타민B1, 비타민B2, 칼슘, 철분 등 수많은 영양소를 고루 가지고 있는 몸이라고.

그래도 고기나 생선보다는 단백질이 적지 않냐고? 물론 그 말이 맞아. 하지만 고기만으로 완벽한 식사가 이루어질 수 있다고 생각해? 밥에 장아찌 하나만 있어도 훌륭한 아침이 되지. 아까 이야기한 단백질도 말이야, 밥 한 공기면 하루 필요 섭취량의 7%가 채워진다고. 사실 이 몸은 장아찌보다는 달팽이 요리를 즐겨 먹지만 말이야. 에헴.

밥 한 그릇(150g 기준)당

Q 밥은 왜 포만감이
오래가나요?

A 알갱이가 커서 소화에
시간이 걸리기 때문이지.

빵을 밀가루로 만들었다는 것 정도는
알고 있겠지? 그래서 씹기 쉽고 목
넘김도 부드럽지. 하지만 그런 만큼
소화, 흡수도 빠르다고. 나야 그 가벼운
느낌을 좋아하지만 말이야.
빵과 다르게 나는 낟알 모양이잖아?
그러니까 소화할 때 시간이 걸리고 위
안에 오래 남아 있을 수 있는 거야.
공복감은 공복 중추(섭식 중추 중 하나)가
자극을 받을 때 느껴지는데 위에
음식물이 남아 있으면 자극이 별로
없으니까 든든한 느낌이 오래가는 거지.

Q 무세미(無洗米, 씻어 나온 쌀)보다
백미가 맛이 좋나요?

A 그렇게 큰 차이는 없어. 쌀을 씻는 건
정미 후에도 쌀 표면에 남아 있는 쌀겨를
제거하기 위해서지. 무세미는 미리 씻어서
그 쌀겨를 제거한 쌀이야.

자, 이제 가장 중요한 '맛' 이야기를 해볼까? 솔직하게
말하지. 사실 나도 그건 알 수 없어. 쌀의 산지, 품종, 정미
방법, 쌀겨 제거 방법 등 여러 요인이 맛에 영향을 미치니까
말이지. 무세미를 파는 슈퍼마켓에서도 대개 한두 종류만
취급하기에 제조사나 쌀의 품종을 제대로 비교하며
고르긴 어려워. 그러니까 정백미를 고르는 게 무난하겠지.
말하자면, 고르기 나름이라는 거야.

간소해도 든든한
국수가 최고!

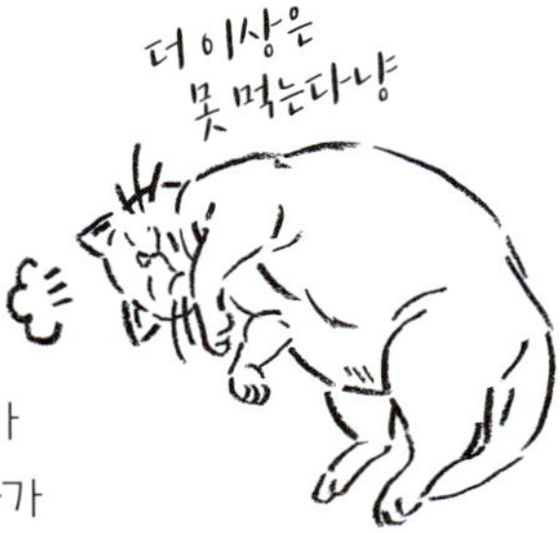

아침부터 면이라니 좀 별나게 느껴질지도 모르겠습니다.
하지만 면은 예상 외로 아침에 먹기 좋은 메뉴입니다. 소화가
쉽고 아침에 가장 부족하기 마련인 수분을 채워주지요. 게다가
목 넘김이 부드러워 오랫동안 씹을 필요 없이 후루룩 먹을 수
있답니다. 부엌칼도 도마도 거의 쓸 일이 없지요.

버터 밀크 국수 

재료(1인분)

양배추 … 2장
햄 … 2장
소면 … 50g
우유 … 1컵
버터 … 5g

만드는 법

1 양배추와 햄을 손으로 대충 자른다.

2 냄비(18cm)에 물 1.5컵을 부어 끓인 후 중불에
 맞추고 소면을 넣어 1분간 삶는다. 여기에
 양배추, 햄, 우유를 넣고 1분간 끓인다.

3 그릇에 옮겨 담은 후 버터를 넣고 취향껏
 간장과 후추를 더해준다.

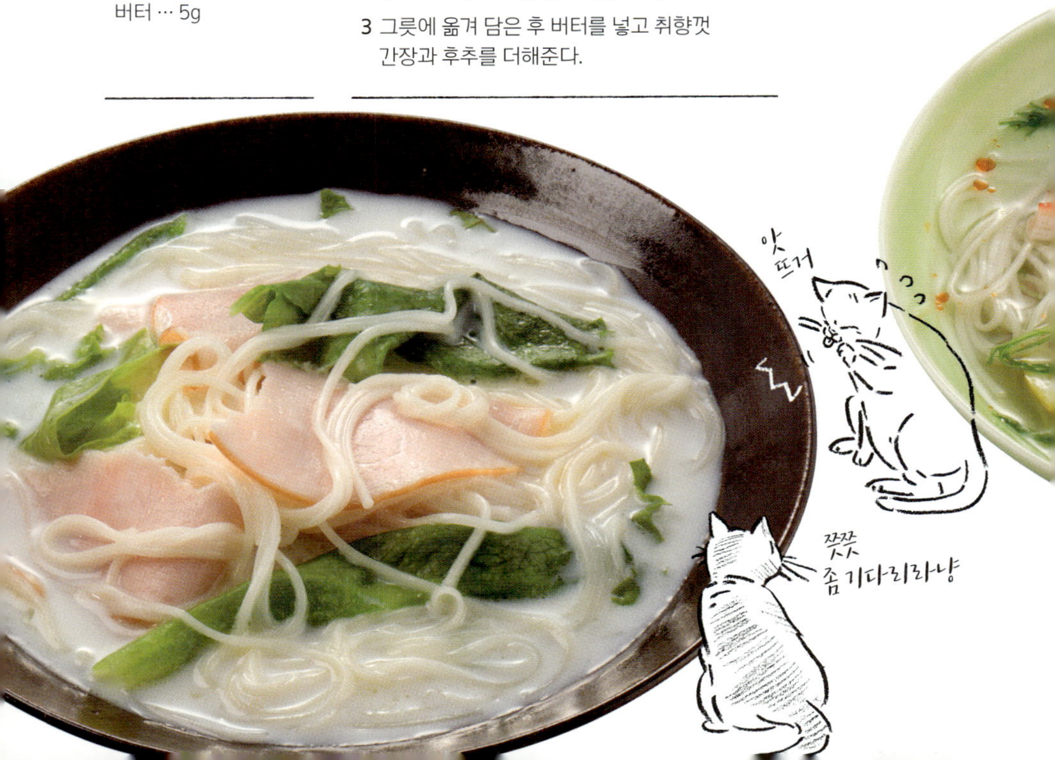

소금 레몬 국수

재료(1인분)

경수채 ··· 30g
게맛살 ··· 2~3개
소면 ··· 50g
레몬 슬라이스 ··· 3~4장
참기름 ··· 1작은술

만드는 법

1 게맛살을 잘게 찢는다. 경수채는
   손으로 대충 찢는다.

2 냄비(18cm)에 물을 3컵 붓고 끓인 후
   중불에서 소면을 넣고 1분간 삶는다.
   여기에 게맛살과 경수채를 넣고 1분간
   끓인다.

3 레몬을 넣고 그릇에 옮겨 담은 후
   참기름이나 취향에 따라 고추기름을
   더해준다.

버터 간장 참치 우동

재료(1인분)

냉동 우동 면 ··· 1인분
참치 통조림(小) ··· 1개
무순 ··· 1/2팩
버터 ··· 10g
간장 ··· 2작은술

만드는 법

1 내열 용기에 우동 면을 담고 랩을 씌워
   전자레인지에서 2분간 돌린다.

2 그릇에 옮겨 담은 후 참치, 무순,
   버터를 올리고 간장을 뿌린다. 잘 섞어
   먹는다.

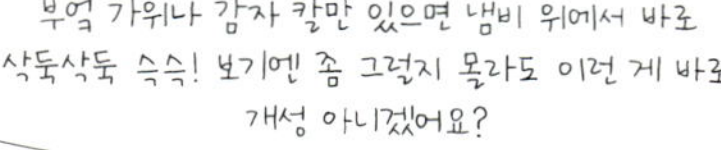

맛있게 먹으면 0칼로리

아침에
디저트

죄책감
없다능~

Sweet!

SWEET!

SWEET!

몸매나 건강 때문에 주저하게 되지만 그래도 먹고 싶은, 하지만 먹고 나면 언제나 후회하게 되는 음식이 바로 달콤한 디저트입니다. 달콤한 음식의 유혹을 물리치기란 쉽지 않지요. 그게 바로 인생입니다.

여기 달콤한 음식과의 싸움에서 이길 수 있는 유일한 방법이 있습니다. 바로 '아침밥'으로 먹어버리는 거죠. 아침에 먹는 달달한 음식은 금방 소화되어 오후 2시쯤에는 에너지로 쓰입니다. 하지만 에너지로 다 써버려도 '달콤한 음식을 먹었다'는 기억만은 그대로 남지요. 그래서 밤늦게까지 단 음식이 당기지 않는답니다. 만약 달콤한 음식이 생각난다고 해도 '아침에 잔뜩 먹었으니까' 하고 억제할 수 있는 효과도 있지요.

아침에는 혀와 코가 아무런 자극도 받지 않아 깨끗한 상태이기 때문에 밤에 먹으면 그냥 달달한 정도였던 음식이 아침에는 한층 더 달콤하게 느껴지고, 맛있는 디저트를 먹었다는 기쁨이 후회가 아닌 만족감으로 바뀌게 됩니다. '오늘 하루 고생한 나를 위한 선물'을 '오늘 하루 고생할 나를 위한 투자'로 바꿔보면 어떨까요?

디저트 아침밥의 장점

· 빵이나 쌀은 탄수화물에서 전분으로 또 전분에서 당질로 분해되고 나서야 흡수되지만 디저트는 바로 당질을 섭취하기 때문에 이런 과정 없이 바로 에너지로 사용할 수 있습니다. 그중에서도 뇌의 에너지원이 바로 당질이라는 것!

· 우유나 요거트 등에 풍부한 칼슘은 불안하고 초조한 기분을 가라앉히는 효과도 있답니다.

특별한 팬케이크

달걀도 우유도 설탕도 귀했던 그 옛날. 유럽에서 팬케이크는
축제 마지막 날에만 먹을 수 있는 호사스럽고 특별한
요리였습니다. 그리고 시간이 흘러 달걀도 우유도 설탕도
저렴하게 구할 수 있는 시대가 되었습니다. 이제 팬케이크는
딱히 호사스럽지도 특별하지도 않은 지극히 평범한 요리입니다.
여기서 여러분께 소개하고 싶은 특별함은 바로 '과거의 호사'를
평범하게 즐기고 있다는 특별함이지요.

재료(6장 분량)

A | 박력분 ··· 100g
　 | 베이킹파우더 ··· 8g
　 | 설탕 ··· 50g
우유 ··· 1/2컵
버터 ··· 20g
달걀 ··· 1개
메이플 시럽 ··· 적당량

만드는 법

1 A를 비닐봉지에 넣고 흔들어 섞는다. 버터를 전자레인지에 20초 돌려 녹인다.

2 볼에 달걀을 깨 넣고 거품기로 풀어준다. 우유와 녹인 버터를 넣고 덩어리가 없도록 잘 섞는다.

3 2에 A를 넣고 가루 없이 끈적끈적해질 때까지 섞는다.

4 프라이팬(26cm)을 중불에 올려놓고 기름을 가볍게 두른다. 젖은 행주를 준비하여 프라이팬을 행주 위에 올리고 10초간 그대로 둔다. 반죽을 한 국자씩 총 두 장 분량을 프라이팬에 올린다.

5 프라이팬을 다시 불 위에 올린 뒤 뚜껑을 덮고 약불에서 4분 정도 둔다. 기포가 뽀글뽀글 올라오면 뒤집어서 다시 1~2분간 굽는다.

오리지널 팬케이크
믹스 만들기

팬케이크의 가루 배합을 조금 바꾸는 것만으로도 내 마음에 쏙 드는 식감과 풍미를 얻을 수 있답니다. 우유와 버터, 달걀의 양은 그대로 유지해주세요. 저울이 없다면 계량컵도 OK. 계량컵을 사용할 때는 가루를 꾹 눌러 담지 말고 바닥에 한두 번 탁탁 치면서 잽니다.

짭짤한 풍미의 팬케이크

단맛을 좋아하지 않는 사람들도 맛있게 먹을 수 있는 팬케이크를 만들어볼까요? 베이컨, 치즈 등을 곁들여 한 끼 식사로 먹는 것도, 시럽을 곁들여 달콤짭짤한 맛을 즐기는 것도 좋답니다.

폭신폭신 쫀득한 팬케이크

베이킹파우더를 반으로 줄이고 녹말을 넣으면 쫀득쫀득한 맛이 더해집니다. 보통 팬케이크보다 포만감도 오래 지속되지요. 7~8장 분량입니다.

초간단 파르페

먹고 싶지만 어쩐지 죄책감이 드는 음식. 그게 바로 파르페
아닐까요. 하지만 아침이라면 괜찮아요. 다 용서된답니다.
생크림 가득, 아이스크림은 세 덩이! 스트레스가 많은 날에는
한층 호화스럽게 쌓아보세요. 설거지는 유리컵 하나로 끝!
이 정도라면 아침은 매일 파르페로 하는 게 좋을지도 몰라요.

후다닥
3 min

딸기 생크림 파르페

과일과 잼의 산미, 카스텔라와 생
크림의 단맛의 조화. 보기만 해도
바로 스푼을 들고 싶게 만드는 매
혹적인 파르페. 유리컵 제일 바닥
에 으깬 딸기와 우유를 섞어 만든
생딸기 우유를 먼저 깔고, 그 위에
다른 토핑을 차례로 채워주세요.

말차 팥 경단 파르페

팥 경단에 말차와 콩가루까지 더
하면 일본 전통의 맛을 제대로 느
낄 수 있죠. 마지막에 두유를 부으
면 모든 재료가 녹진녹진 부드러
워져요. 너무 술술 넘어가 무서울
정도랍니다.

초코 바나나 파르페

카페의 단골 메뉴로 사랑받는 이
파르페는 의외로 만들기 쉽습니
다. 색은 흑과 백으로 나뉘지만
맛은 하나로 어우러진답니다. 바
나나와 초콜릿은 최강의 콤비이
지요.

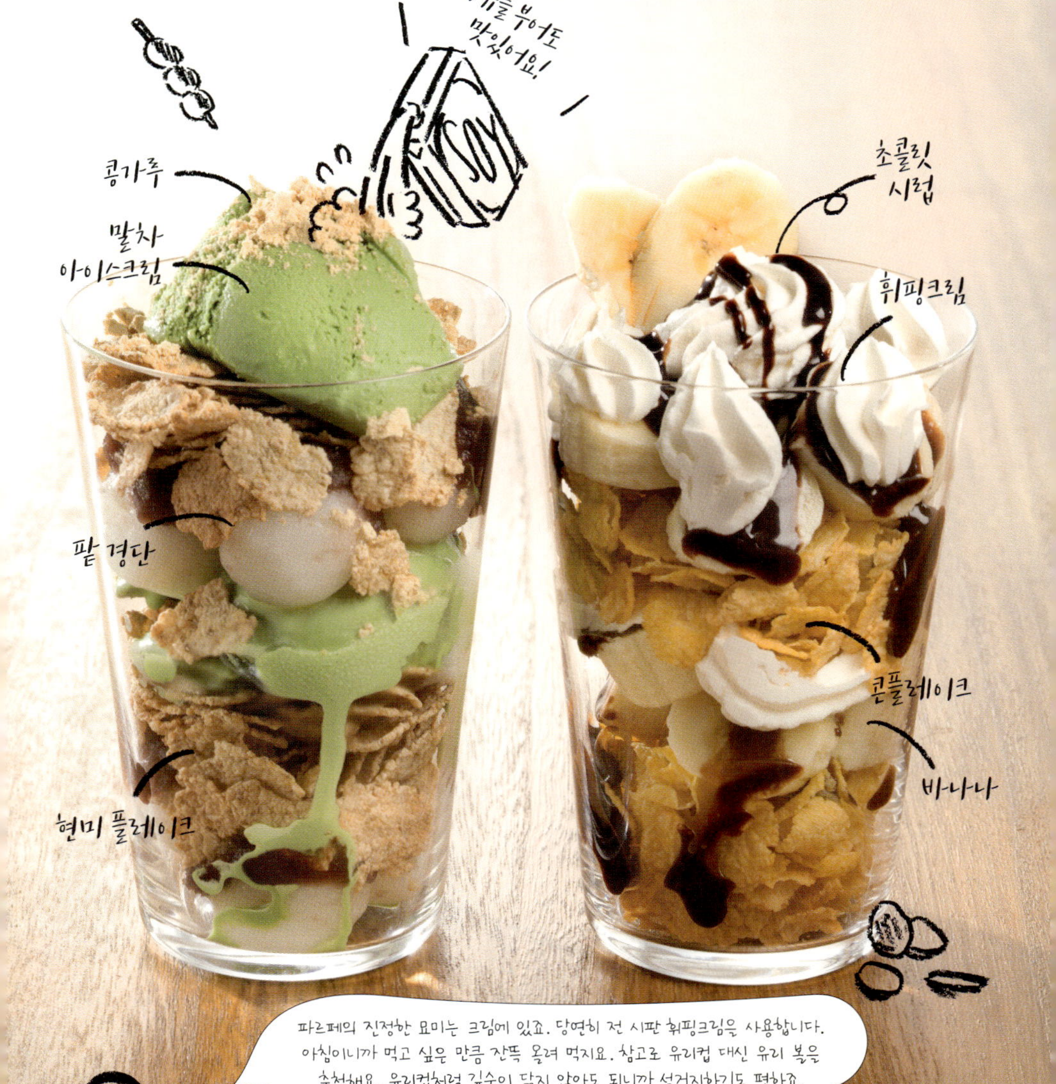

입에 착 감기는

바나나 캐러멜라이즈

바나나를 한 송이 사면 늘 마지막에는 새까맣게 변해버리곤
하죠. 하지만 설탕과 버터만 있으면 마지막까지 바나나를
맛있게 먹을 수 있답니다. 설탕의 주성분인 '자당'은 열을 가하면
분해되어 두 종류의 당으로 나뉩니다. 그만큼 단맛이 풍부해지고
더 맛있어지지요. 바나나 캐러멜라이즈에
아이스크림을 곁들이면 더 맛있답니다.

후다닥
5 min

재료(1인분)

바나나 … 1개
설탕 … 2큰술
버터 … 5g

만드는 법

1 바나나는 껍질을 벗기고 뭉텅뭉텅 자른다.
2 프라이팬(20cm)에 설탕과 물을 조금
  넣고 중불에 올린다.
3 설탕이 녹아 진한 갈색을 띨 때까지 가만히 둔다.
  바나나를 넣고 불을 올려 강불에서 캐러멜이
  바나나에 골고루 묻도록 잘 섞어준 다음 버터를
  넣고 다시 한 번 잘 섞는다.

머그잔 푸딩

머그잔에 넣고 전자레인지에 돌리기만 하면 만들어지는 간단한
푸딩이랍니다. 막 완성된 뜨거운 푸딩을 후후 불며 먹어도,
냉장고에서 한 김 식혀 차가운 푸딩으로 먹어도 좋지요.
푸딩에 무엇을 뿌리느냐도 맛을 결정하는 한 가지 포인트!

재료(1인분)

달걀 … 1개
A | 설탕 … 2~3큰술
　 | 우유 … 80ml
　 | 물 … 1큰술

지름 7cm, 높이 5cm 이상인
머그잔을 사용해주세요.
미지근한 물은 40℃ 정도의
온수를 이용하면 됩니다.

만드는 법

1 볼에 달걀을 깨 넣고 포크로 잘 풀어준 다음,
A를 전부 넣고 다시 잘 섞는다. 머그잔 위에
차 거름망을 걸치고 내용물을 붓는다.

2 밀폐 용기에 머그잔을 넣고 내용물 높이에 맞춰
미지근한 물을 밀폐 용기에 붓는다.

3 전자레인지에서 3분간 돌린다. 머그잔을 살짝
흔들었을 때 푸딩 표면이 말캉말캉한 느낌으로
흔들릴 때까지 상태를 지켜보면서 20초씩 더
돌려준다.

질리지 않는 요거트

요거트는 300종 이상의 유산균을 함유하고 있으며 칼슘이
풍부하고 맛 또한 산뜻해 아침으로 제격입니다. 요거트 종류에
따라 잘 어울리는 토핑을 조합해봤습니다. 별생각 없이 아침을
요거트로 '때우던' 분이라면 더 많은 것을 발견할 수 있을 거예요.

딸기　사과　블루베리

잼과 함께
새콤 요거트

본고장 유럽에서 즐겨 먹는 기본 요거트.
그 새콤함에 달콤한 잼을 곁들이면 두
가지 맛이 뚜렷한 대조를 이룹니다. 작은
병에 든 잼을 종류별로 사서 올려 먹고
싶은 요거트입니다.

과자와 함께
촉촉 요거트

수분이 많은 요거트. 수분이 적고
바삭바삭한 쿠키, 시리얼 등과 같이 즐기면
서로 다른 식감을 느낄 수 있습니다. 먹다
보면 순식간에 사라져버린답니다.

말린 과일과 함께
걸쭉 요거트

수분이 적고 맛이 진한 농축 요거트의
토핑으로는 역시 농후한 단맛을 지닌 말린
과일을 추천합니다. 전날 밤에 요거트와
토핑을 미리 섞어놓고 냉장고에서 하룻밤
두면 말린 과일이 수분을 흡수해 쫀득쫀득!
탄력 있는 식감에 푹 빠지게 될 거예요.

우유가 전부가 아니랍니다
시리얼의 잠재력

쌀, 빵에 이어 제3의 주식으로 떠올라 아침밥 왕국의 시민권을
획득한 시리얼. 시리얼은 옥수수, 보리, 귀리 등 다양한 곡물을
볶아서 만드는데요, 효과적으로 에너지를 섭취하기 위해
치료식으로 만든 것이 그 시작이라고 합니다.
여기에 우유를 부으면 영양까지 골고루 갖춘 완벽한 아침 식사가
완성되지만 매일 우유로만 먹다 보면 맛을 음미하지 못하고 그저
기계적으로 먹게 되지요. 여러 가지 조합을 시도하면서 나만의
시리얼을 발견해보는 건 어떨까요?

WHAT IS THAT CEREAL
MADE OF?
시리얼은 무엇으로 만들까요?

밀기울
사과
호밀
오트밀
호박씨
현미
딸기

아이스크림 토핑

여기에 간단한 과일까지
곁들이면, 이건 이미
시리얼이라기보다는… 파르페?

시리얼 정상회담

여기는 향후 시리얼 세계의 발전 방향을
논의하는 시리얼 정상회담 현장입니다.
익숙한 콘플레이크부터 그래놀라, 뮤즐리까지
다양한 시리얼들과 함께 새로운 맛의 조합을
제안해보도록 하겠습니다.

카페오레

약간의 쌉쌀함이 단맛을 한층
더 끌어 올립니다.

콩가루+흑당 시럽+우유

흑당 시럽을 구입해야 하는 난관이
있지만 충분히 도전해볼 만한 가치가
있는 맛입니다.

두유+메이플 시럽

콩에 함유된 이소플라본과 지방,
단백질을 섭취할 수 있습니다.

오렌지 주스+요거트

눈이 번쩍 뜨이는 상큼함은 무더운
여름날 아침으로 제격이랍니다.

토마토+꿀+요거트

달콤하지만 죄책감은 제로!
이것이 바로 토마토의
힘이지요.

아몬드 밀크

당질이 적고 혈당 상승을
완화해줍니다. 다이어트에도
효과가 있어요.

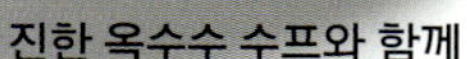

진한 옥수수 수프와 함께

크루통 대신 콘플레이크를
넣어보세요. 옥수수와 옥수수,
어울리지 않을 리가 없겠죠?

감자 샐러드와 함께

부드러운 감자와 바삭한 시리얼이
어우러져 감자 샐러드를 한층 더
고급스럽게 만들어줍니다.

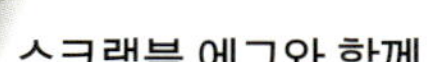

스크램블 에그와 함께

바삭한 시리얼과 부드럽고
촉촉한 계란. 즐거운 식감의
향연이 지금 펼쳐집니다.

수제 에너지 바

언제든 간편하게 먹을 수 있는 에너지 바는 다양한 재료가
들어가 씹는 재미가 있는 메뉴랍니다. 냉장고에 넣어두면 1주일
가까이 보관할 수 있기 때문에 휴일에 한꺼번에 만들어두면
효율적으로 활용할 수 있습니다. 왠지 기운이 없는 아침에는
부지런히 에너지 바를 만들던 자신을 떠올리면서 꺼내
먹어보세요. 영양뿐만 아니라 에너지 바에 담긴 건강한 기억이
기운을 북돋아줄 거예요.

재료
(18×12×3cm 사각 트레이
 1개분)

시리얼 믹스 … 150g
(시리얼 100g+견과류&말린
 과일 50g)
마시멜로 … 60g

만드는 법

1 사각 트레이에 종이 호일을 깐다.

2 마시멜로를 내열 볼에 넣고 전자레인지에서 1분간 돌린다. 랩은 씌우지 않는다. 시리얼 믹스를 넣고 빠르게 섞는다.

3 사각 트레이에 2를 붓고 평평하게 편다. 그 위에 종이 호일을 올리고 컵 바닥처럼 평평한 도구로 꾹꾹 눌러준다.

4 냉장고에서 1시간 동안 식히면서 굳힌다. 먹기 좋게 자른다.

✓ 마시멜로를 50g으로 줄이고 2의 볼에 잘게 부순 초콜릿 20g을 넣으면 초콜릿 바가 됩니다.

영양제 못지않은 시리얼 조제법

견과류와 과일은 모두 제각각 효능을 지니고 있습니다. 옆에서 그 약효 중 일부분을 소개하고 있으니 약사가 된 기분으로 재료를 조합해서 나만의 시리얼 보약을 만들어보세요.

뇌 활성화, 동맥경화 예방,
성인병 예방

노화 방지,
변비 개선

원기 회복, 식욕 증진,
동맥경화 예방

호르몬 불균형 정상화,
미네랄 보충

과일·채소로 만든 아침밥

"요즘 채소를 너무 안 먹어서 큰일이에요."

"먹어야지, 먹어야지 하면서도 귀찮아서…."

채소와 과일. 건강을 위해 먹어야 하는 건 알지만 좀처럼 손이 가지 않죠. 심지어 사놓고 썩히는 일도 종종 벌어지곤 합니다. 하지만 걱정 마세요. 낮이나 밤에는 채소를 먹지 않는 분도 아침이라면 가능합니다. 민감한 미각으로 순수한 재료의 맛을 온전히 느낄 수 있기 때문에 점점 '과일이 너무 맛있어서 자꾸 먹고 싶네' '채소를 먹으면 왠지 기분이 좋아서 또 먹고 싶어' 하고 생각하게 될 거예요.

채소나 과일을 먹으면 왜 기분이 좋아지는 걸까요? 여기에는 이유가 있습니다. 과일에는 '과당'이라는 당분이 들어 있어요. 과당은 밥이나 설탕보다 빠르게 흡수되는 당분입니다. 먹고 난 후에 바로 에너지로 활용할 수 있기 때문에 신진대사를 활발하게 하는 효과도 있지요.

하루 중 가장 기분 좋은 식사. 미루지 말고 아침에 해보는 건 어떨까요? 아침부터 신선한 영양소를 섭취했다는 자각이 오늘 하루를 더 상쾌하게 만들어줄 테니까요.

과일·채소로 만든 아침밥의 장점

· 비타민 A, C, E 외에도 안토시아닌 등 항산화 작용이 뛰어난 식물성 화학물질을 비롯해 몸을 건강하게 만들어주는 영양소가 풍부하게 함유되어 있다.

· 가열하지 않아도 되는 채소나 과일을 통해 효소를 섭취할 수 있으며 식이 섬유와 수분이 배변 활동을 돕는다.

자를 필요 없는 과일

"아침에 과일을 먹으면 분명 몸에 좋겠지만 손질하는 게 너무
귀찮은걸…."
손질이 귀찮아 과일을 멀리하는 분들, 많이 계시겠죠. 하지만
여기 이 과일들은 자르거나 깎을 필요 없이 그대로 먹을 수 있기
때문에 아주 편하답니다. 한꺼번에 그릇에 담아 과일 파티를
벌여도 즐겁겠지요. 진한 풍미의 말린 과일은 생과일과는 또
다른 즐거움을 선사해줄 거예요.

후다닥

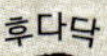

1
min

바나나

식이 섬유가 많이 들어 있는 바
나나는 먹었을 때 포만감이 오
래갑니다. 몸속 미네랄 균형을
잡아주는 칼륨도 풍부하게 지니
고 있답니다.

포도

이름 그대로 포도의 주성분은 포
도당입니다. 포도당은 바로 에
너지원으로 사용될 수 있어요. 원
기 회복에도 효과가 좋답니다.

제철 과일을 소개합니다

1~3월	4~6월	7~9월	10~12월
딸기 한라봉	체리 비파 매실	자두　수박 무화과　블루베리 토마토　포도	굴 사과 배 석류

딸기

알이 굵은 딸기는 다섯 알만 먹
어도 하루치 비타민C를 전부 섭
취할 수 있답니다. 감기 예방에
도 좋아요.

말린 과일

수분을 쏙 뺀 말린 과일은 적은
양으로도 식이 섬유나 다른 영
양소들을 풍부하게 섭취하게 해
준답니다.

스마일 커팅 과일

이번에 소개하는 '스마일 커팅법'은 껍질을 벗길 필요가
없습니다. 순식간에 끝나는 건 물론 보기도 좋고 먹기도
간편하답니다.
스마일 커팅법은 자른 과일을 입에 물었을 때 껍질 모양이
꼭 웃는 입 모양을 닮아 붙여진 이름입니다. 어떤 과일도
보통 한 알에 천 원 정도면 살 수 있기 때문에 지갑도 웃게 되는
아침 메뉴랍니다.

후다닥

키위

키위는 껍질째 세로로 썰어줍니다.
처음 입에 넣으면 키위의 하얀 심
부분의 달콤함이 느껴지고 초록
과육 부분의 산미가 끝 맛을 가볍게
해줍니다. 껍질을 벗기지 않아도
되어 편하지요. 먹을 때는 매끈하게
쏙 분리된답니다.

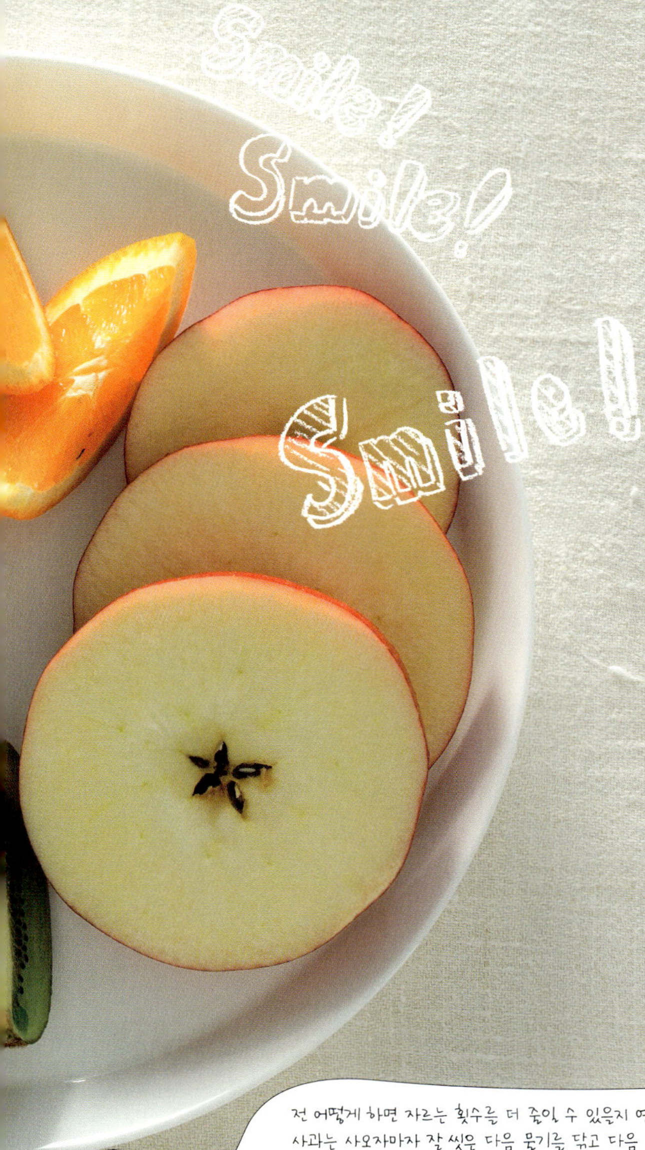

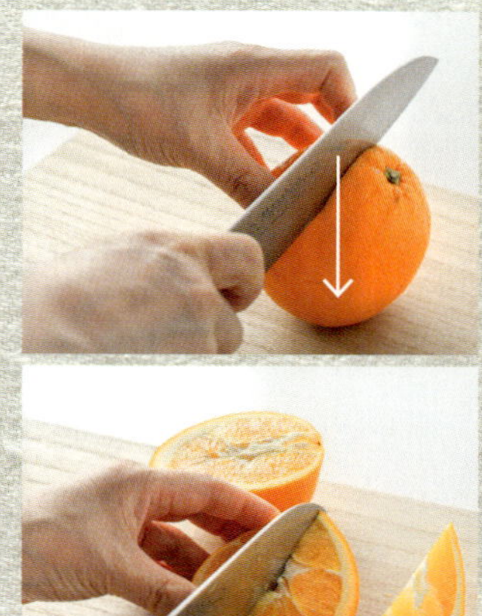

오렌지·자몽

보통은 꼭지에서 시작해 아래쪽 배꼽을 향해 수직으로 자르죠. 스마일 커팅법은 다릅니다. 먼저 꼭지를 1cm 정도 왼쪽으로 기울인 다음 수직으로 반을 잘라주세요. 그런 다음 세로로 잘라주면 껍질과 과육이 쉽게 분리된답니다.

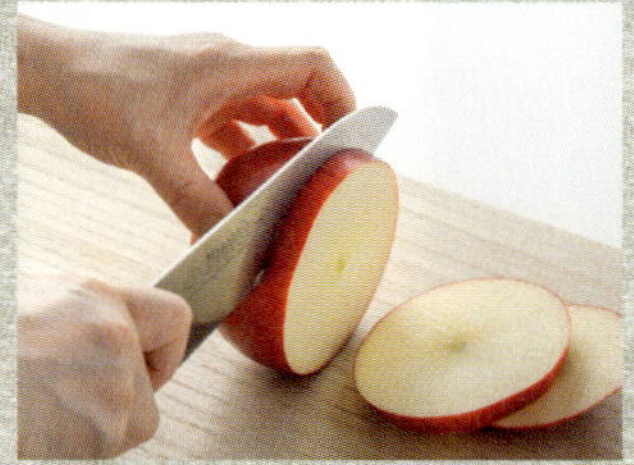

사과

사과를 가로로 둥글게 썰어주세요. 이렇게 하면 먹을 때 껍질이 거슬리지 않고 씨를 도려낼 필요도 없지요. 게다가 빙빙 돌려가면서 먹는 모습이 꼭 아기 다람쥐 같이 귀여워 보인다는 장점도 있답니다.

전 어떻게 하면 자르는 횟수를 더 줄일 수 있을지 연구 중입니다. 예를 들자면
사과는 사오자마자 잘 씻은 다음 물기를 닦고 다음 날 아침 그대로 아작아작.
키위는 반으로만 갈라 숟가락으로 떠먹으면 끝!

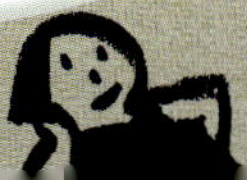

간단 아사이 볼

아사이베리는 브라질 출신입니다. 하와이에서 아사이 볼이라는
메뉴로 유명해져 세계로 퍼져나가게 되었지요. 우리나라에서도
화제가 되어 폭발적인 인기를 끌고 있습니다. 피부, 눈, 장,
피 등 몸의 여러 부분을 깨끗하고 건강하게 만들어주는 효능
때문이지요. 진하고 걸쭉한 스무디와 바삭바삭한 그래놀라를
곁들이면 바쁜 아침에도 꿀꺽꿀꺽 마실 수 있답니다.

재료(1인분)

냉동 아사이베리 퓌레 … 100g
요거트 … 4큰술
바나나 … 반 개
토핑 | 바나나 … 반 개
그래놀라 … 30~40g
선호 과일 … 적당량

만드는 법

1 냉동 아사이베리 퓌레를 5~10분 정도 상온에 두고 해동한다.

2 지퍼백에 바나나를 적당히 잘라 넣고 1과 요거트를 넣은 뒤 공기를 빼고 입구를 꽉 닫는다.

3 체온이 전달되지 않도록 행주 등의 천으로 감싸고 주먹으로 으깨면서 섞는다.

4 그릇에 그래놀라를 반만 담는다. 지퍼백을 열어 섞인 내용물을 그래놀라 위에 담는다.

5 자른 바나나와 남은 그래놀라, 과일로 장식하고 취향에 따라 꿀을 뿌려 달콤한 맛을 더한다.

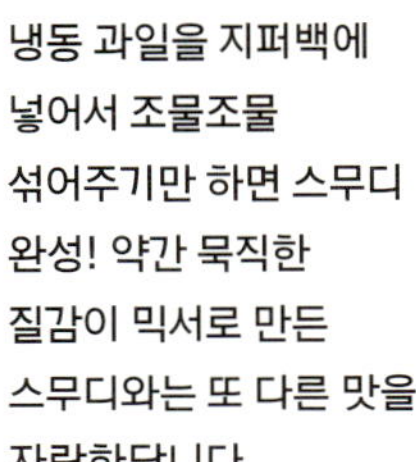

믹서? NO! 조물조물 스무디

냉동 과일을 지퍼백에 넣어서 조물조물 섞어주기만 하면 스무디 완성! 약간 묵직한 질감이 믹서로 만든 스무디와는 또 다른 맛을 자랑한답니다.

재료(1인분)

아보카도 … 반 개
(80~100g)
바닐라 아이스크림
… 60g
요거트 … 80g

아보카도 아이스크림 요거트

아보카도의 고소함과 아이스크림의 달콤함, 요거트의 상큼함이 어우러져 부드럽게 마실 수 있습니다.

재료(1인분)

냉동 블루베리 … 100g
연두부 … 150g
꿀 … 1~2큰술

블루베리 연두부

부드러운 연두부의 고소한 맛과 중간중간 씹히는 블루베리의 달콤함이 기분 좋게 어우러집니다. 달지 않은 건강한 맛이랍니다.

재료(1인분)

냉동 망고 … 100g
요거트 … 150g

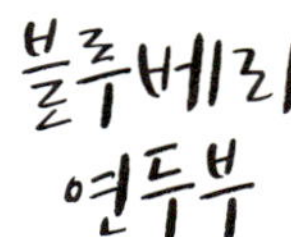

망고 요거트

스무디의 정석이지요. 망고 특유의 독특한 향기와 진한 달콤함은 상큼한 요거트와 찰떡궁합입니다.

샐러드 행진곡

다양한 채소를 사보고 싶지만 간편하게 먹을 수 있는 것들로
고르다 보면 바구니에 담겨 있는 건 오이와 양상추, 방울토마토
같이 늘 고르는 채소들이지요. 하지만 똑같은 채소들이라도
자르는 방법이나 담는 방법, 드레싱에 따라 전혀 다른 샐러드로
변신한답니다.
아삭아삭 기분 좋은 식감은 하루에 경쾌한 리듬을 더하고, 입 안
가득 퍼지는 신선함은 건강한 에너지를 선사합니다. 먹기만 해도
기분이 좋아지는 샐러드, 좋은 샐러드란 바로 그런 것이겠지요.

후다닥
5 min

재료(한 끼 분량)

양상추 … 1/4개
오이 … 반 개
방울토마토 … 4~5개

같은 채소로 다른 샐러드를 만드는 방법

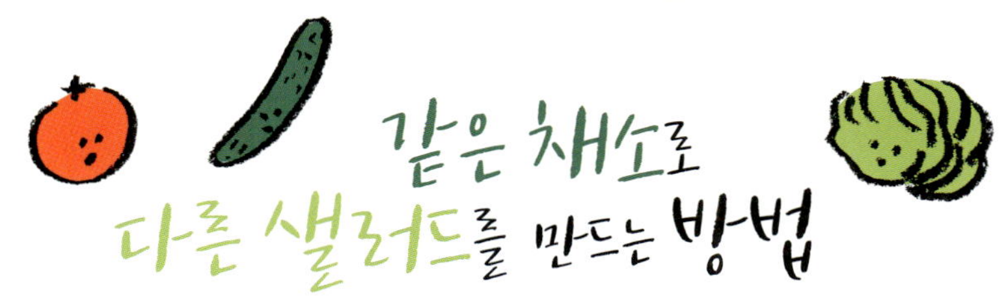

샐러드의 구성 요소에 채소만 있는 건 아닙니다.
자르는 방법과 그릇에 담는 방법 그리고 드레싱, 이 세 가지가 샐러드의 또 다른 3요소이지요.
이 3요소를 활용하면 매일 같은 채소여도 질리지 않고 즐겁게 먹을 수 있답니다.

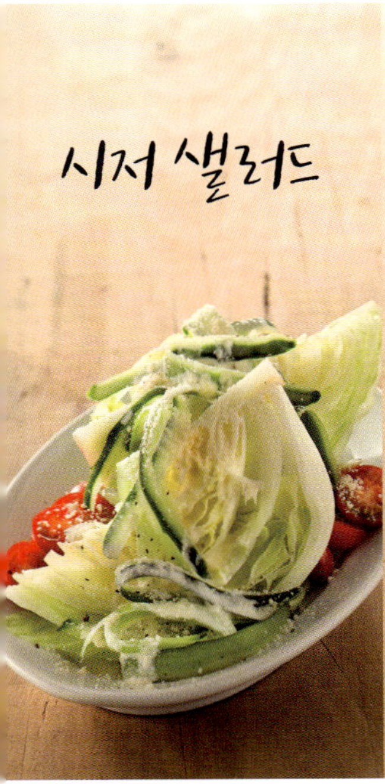
시저 샐러드

자르는 방법

양상추 … 세로 썰기
오이 … 감자칼로 깎기
방울토마토 … 반으로 자르기

마요네즈 드레싱

마요네즈 … 1큰술
치즈 가루 … 1큰술
식초 … 2작은술
올리브오일 … 1작은술
소금, 굵은 후추 … 조금

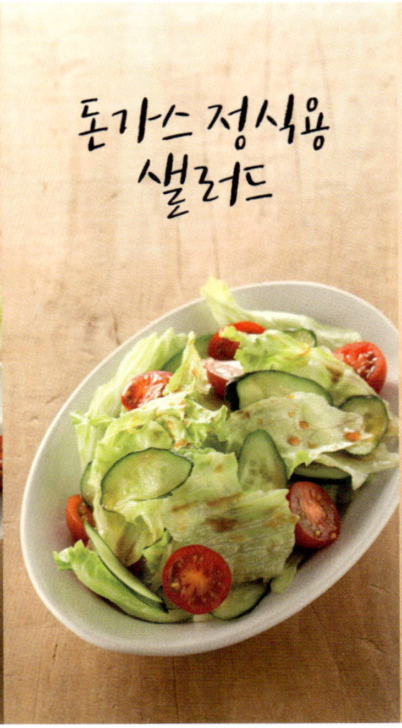
돈가스 정식용
샐러드

자르는 방법

양상추 … 손으로 찢기
오이 … 얇게 어슷썰기
방울토마토 … 반으로 자르기

간장 드레싱

간장 … 1큰술
식용유 … 1큰술
식초 … 1큰술
소금, 후추 … 조금

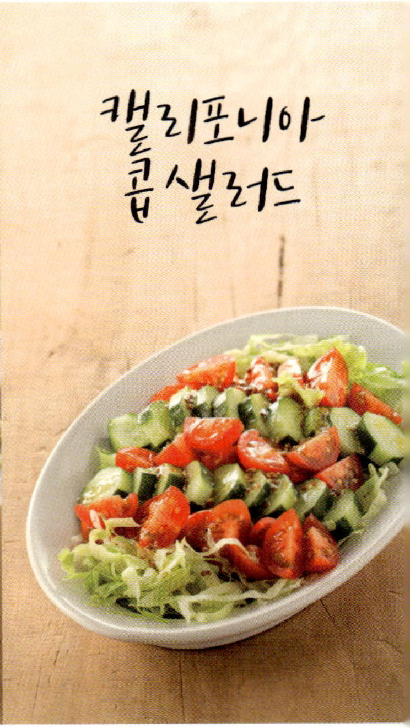
캘리포니아
콥 샐러드

자르는 방법

양상추 … 채썰기
오이 … 감자칼로 껍질을 벗긴 후 둥글게 썰기
방울토마토 … 세로로 4등분

머스터드 드레싱

홀그레인 머스터드 … 1큰술
올리브오일 … 1큰술
요거트 … 1큰술
소금 … 조금

오늘 채소 찜

점심도 저녁도 거의 외식으로 해결하느라 좀처럼 채소를 먹을
기회가 없다면, 내 몸에 필요한 하루 채소를 아침에 미리
먹어버리는 것은 어떨까요? 아래 등장하는 세 가지 채소는 모두
높은 영양 효율을 자랑합니다. 비타민 A, C, E와 식이 섬유,
항산화 성분이 풍부하게 함유되어 있지요.
게다가 다른 채소에 비해 수분이 적고 속이 알찬 채소만 먹어도
배가 부르답니다. 전날 밤에 만들어서 아침에는 그냥 먹기만
하면 됩니다.

브로콜리(200g)

비타민 A … 134ug
비타민 C … 240mg
비타민 E … 6.3mg
식이 섬유 … 8.8g

단호박(300g)

비타민 A … 990ug
비타민 C … 129mg
비타민 E … 16.2mg
식이 섬유 … 10.5g

빨간 파프리카(150g)

비타민 A … 132ug
비타민 C … 225mg
비타민 E … 8.0mg

✔위 영양 성분은 모두 각각의 채소를 쪘을 때의 수치입니다.

재료
(한 번에 만들기 쉬운 분량)

단호박 … 1/4개(300g)
빨간 파프리카 … 1개(150g)
브로콜리 … 한 송이(200g)
A │ 물 … 1/4컵
　│ 식용유 … 1큰술
　│ 소금 … 두 꼬집

밑 준비

단호박 … 2cm 두께로 세로로
썬다.

파프리카 … 한입 크기로 자른다.

브로콜리 … 작은 송이들을
분리하고 뿌리를 제외한 줄기는
한입 크기로 자른다.

만드는 법

1 채소는 종류별로 찐다. 프라이팬(20cm)에 채소를 넣고 A를 부은 뒤
뚜껑을 덮고 중불에 올린다.

2 끓기 시작하면 약불로 낮춰 파프리카는 1분, 브로콜리는 3분, 단호박은
6분간 끓인 뒤 불을 끄고 5분간 뜸을 들인다.

3 밀폐 용기에 국물째 담아 냉장 보관한다.

**3일 동안
어떻게
먹을까?**

위 레시피는 다양하게
조리할 수 있도록 일부러
간을 약하게 했습니다.
전혀 다른 세 가지 조리
방법을 활용하면 물리지
않고 내내 즐겁게 먹을 수
있지요. 저녁으로 빨리
먹고 싶을 만큼 맛있지만
내일의 즐거운 아침을
위해 양보해주세요.

따뜻한 채소 샐러드

전자레인지로 데워 요거트 드레싱을
뿌려 먹으면 단백질도 유산균도 섭취할
수 있지요. 드레싱은 요거트(3큰술),
올리브오일(2작은술), 소금(1/4작은술),
후추(조금)를 섞으면 완성.

마요네즈 그라탱

찐 채소를 그릇에 담고 그 위에
마요네즈, 치즈 믹스를 뿌립니다.
오븐 토스터나 전자레인지에서 치즈가
걸쭉하게 녹을 때까지 데우면 채소만
들었다고는 믿을 수 없을 만큼 맛있는
한 그릇이 완성됩니다.

포타주 수프

찐 채소를 냄비에 넣고 포크로
가볍게 으깹니다. 물, 우유, 소금을
조금 넣고 끓인 다음 마지막으로
후추를 더하기만 하면 완성. 영양
만점에 맛까지 좋은 수프입니다.

따끈따끈 국물이 있는 아침밥

국이 있는 아침밥의 장점은 무엇일까요? 바로 간단한 데다가 식사 후 느끼는 만족감도 높다는 점입니다. 밥 한 그릇이나 빵 하나에 국물만 곁들여도 '아~ 잘 먹었다!' 하는 소리가 절로 나오지요.

아침이 되면 우리 몸은 잃어버린 무언가를 되찾을 준비를 시작합니다. 그건 밤사이 빠져나간 수분이나 미네랄, 또는 분주한 나날을 보내느라 사라져버린 여유일지도 모릅니다.

아침에 눈을 뜨면 일단 생각을 비우고 매일 쓰는 익숙한 냄비에 물을 한 컵 붓고 끓이거나 전기 포트의 버튼을 누르고 보글보글 물 끓는 소리를 듣습니다. 인간의 식문화는 불을 붙이는 것에서부터 시작되었다고 하죠. 불을 켜고 물을 끓이고 재료를 넣고 국물을 만들며 천천히 몸과 마음에 시동을 걸어 하루를 시작할 준비를 합니다. 이 과정이 습관으로 자리 잡게 된다면 온몸 구석구석으로 깊게 퍼지는 만족감을 맛볼 수 있을 겁니다.

국물이 있는 아침밥의 장점

· 자는 동안 땀으로 빠져나간 수분과 미네랄을 확실히 보충해준다.
· 수분을 섭취하면 장운동이 활발해져 배변 활동이 원활해진다.
· 국물에 여러 채소를 넣거나 빵이나 밥을 곁들이면 균형 잡힌 한 끼 식사가 완성된다.

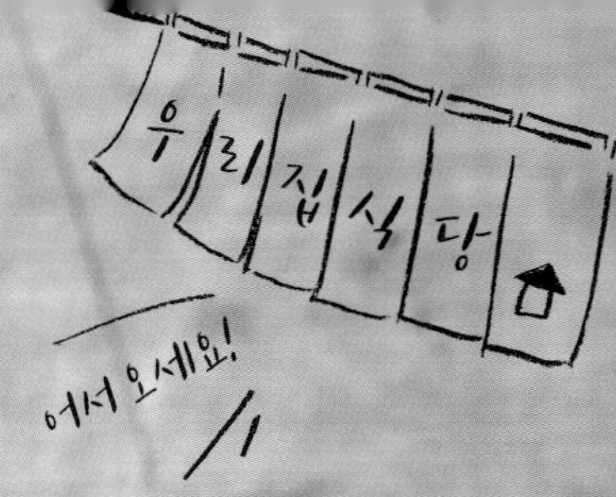

동네방네 자랑하고 싶은

우리 집 미소 된장국

일본의 전통 요리, 와쇼쿠(和食)가 유네스코 무형 문화유산에
등재된 데에는 일본의 육수 '다시'의 공이 컸다고 알려져
있습니다. 하지만 다시를 만드는 방법은 전혀 어렵지 않습니다.
밤에 다시마 같은 육수 재료를 물에 잘 담가두기만 하면,
아침에는 최고의 육수가 만들어진답니다. 다시도 미소 된장도
각 지역이나 집집마다 특색이 있습니다. 여러 가지 조합으로
'우리 집'만의 특별한 맛을 찾아보세요.

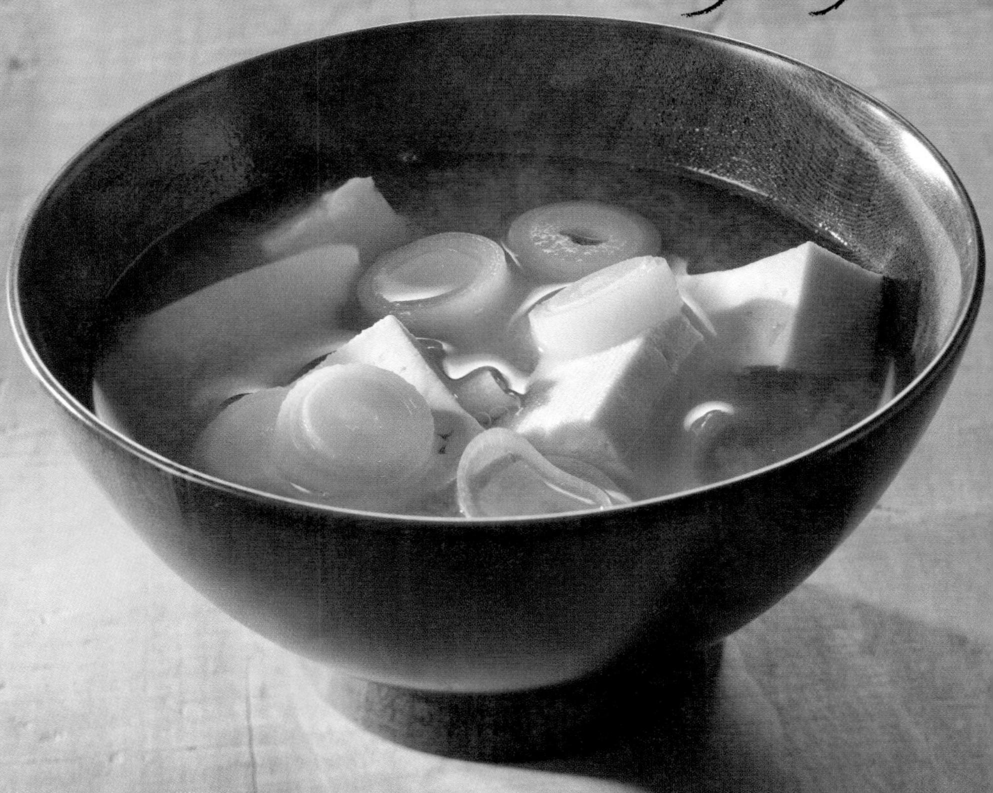

재료(1인분)

두부 … 50g
대파 … 30g
육수 … 1컵
(아래 설명 참조)
미소 된장 … 1~2큰술

만드는 법

1 두부는 커다란 주사위 모양으로 자른다. 대파는 잘게 썬다.

2 냄비(16cm)에 육수를 넣고 중불에 올린다. 끓기 직전 두부와 파를 넣고 약불에서 2~3분간 끓인다.

3 미소 된장을 풀어 넣고 불을 끈다.

'우리 집 육수'를 만들어봅시다

기본 육수 ＋ 육수 토핑

기본 육수는 다시마 혹은 멸치로 우리는 것이 기본입니다. 익숙해지면 두 재료를 섞는 것도 추천합니다. 다시마 육수는 '깔끔하고 고급스러운 맛', 멸치는 '진하고 입에 착착 달라붙는 맛'이 특징입니다.

기본 육수로 만든 미소 된장국에 넣으면 감칠맛이 배로 증가하는 토핑입니다. 혹시 기본 육수를 만들지 못해 물로 된장국을 끓였다면 먹기 직전 토핑을 듬뿍 넣어 국물에 감칠맛을 더해보세요.

'우리 집 미소 된장국'의 맛을 결정하는 토대가 되는 '우리 집 육수'를 만들어봅시다. '기본 육수'와 '육수 토핑'을 조합하면 감칠맛이 배가되지만 기본 육수를 우릴 시간이 없다면 육수 토핑만으로도 맛있는 미소 된장국을 만들 수 있습니다.

다시마
물 1컵에 2~3cm 크기의 다시마를 넣고 하룻밤 동안 우린다.

멸치
물 1컵에 손질한 멸치 2~3마리를 넣고 우린다.

세멸치

깨

김

미역

건새우

가다랑어 포

미소 된장국 재료 달력

1주차	1	2	3
마음이 편안해지는 미소 된장국의 정석	두부 유부	무 유부	양배추 미역
2주차	8	9	10
식이 섬유 듬뿍 채소 미소 된장국	감자 양파	팽이버섯 김	양배추 팽이버섯
3주차	15	16	17
도마가 필요 없는 간단 미소 된장국	양배추 으깬 방울토마토	경수채 미역	숙주 쪽파
4주차	22	23	24
밥이 술술 들어가는 든든 미소 된장국	양파 소시지	무 구운 어묵	베이컨 양상추
5주차	29	30	31
가끔은 색다르게 모험 미소 된장국	참치 양파	샐러리 게맛살	오이 파프리카

4 가지 생강	**5** 무 무순	**6** 미역 두부	**7** 무 미역
11 유채 당근	**12** 토마토 브로콜리	**13** 우엉 당근	**14** 오크라 단호박
18 가닥 버섯 경수채	**19** 숙주 양상추	**20** 으깬 방울토마토 아스파라거스	**21** 양배추 표고버섯
25 삼겹살 무	**26** 구운 어묵 오크라	**27** 햄 경수채	**28** 낫토 미역

반찬이 없을 때는 고기를 넣은 된장국으로 든든하게. 도마를 꺼내는 것조차 귀찮은 아침에는 채소를 손으로 대충 찢어 넣어요. 그날 기분에 따라 재료를 고를 수 있다는 것도 미소 된장국의 매력 중 하나랍니다.

뜨겁게도 차갑게도 수프

아침에 수프를 마시면 자연스럽게 활력이 되살아나죠. 건강한 몸으로 보내는 하루와 피곤한 몸으로 보내는 하루가 너무나도 다르다는 것은 여러분도 잘 알고 계시겠지요. 여기서는 냄비 없이 만들 수 있고, 차갑게도 뜨겁게도 먹을 수 있는 맛있는 수프를 준비해봤습니다.

후다닥
3
min

연두부 매실 장아찌 수프

재료(1인분)

연두부 … 1/3모(100g)
A ｜ 육수 혹은 냉수 … 1/2컵
　　소금, 간장 … 조금
매실 장아찌 … 1개
쪽파 … 2줄

만드는 법

1 그릇에 연두부를 넣고 포크로 잘 으깬다. A를 조금씩 부어준다.
2 씨를 제거하고 적당한 크기로 찢은 매실 장아찌와 쪽파를 올린다.

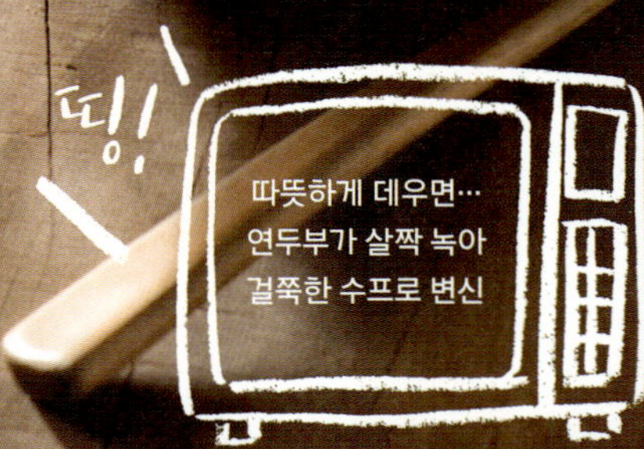

토마토 베이컨 수프

후다닥 5 min

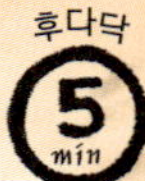

재료(1인분)

토마토 … 1개(150g)
A 육수 혹은 냉수 … 1/4컵
소금 … 두 꼬집
올리브오일 … 1~2작은술
설탕 … 한 꼬집
후추, 레몬즙 … 조금
베이컨 … 1장

만드는 법

1 베이컨을 5mm 폭으로 썬다. 내열 그릇에 키친타월을 깔아 그 위에 베이컨을 골고루 펴놓고 전자레인지에 1~2분 돌린다. 상태를 보면서 바삭해질 때까지 더 돌려준다.

2 토마토는 갈아서 그릇에 담은 후 A를 넣고 섞는다.

3 후추, 레몬즙을 뿌리고 베이컨을 올린다.

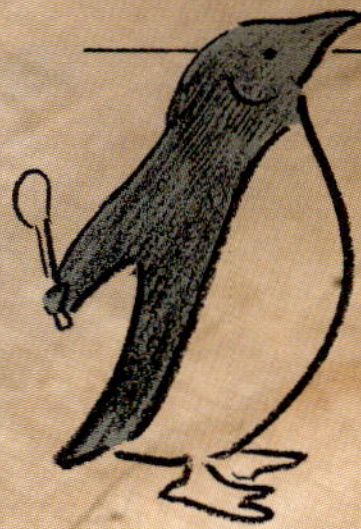

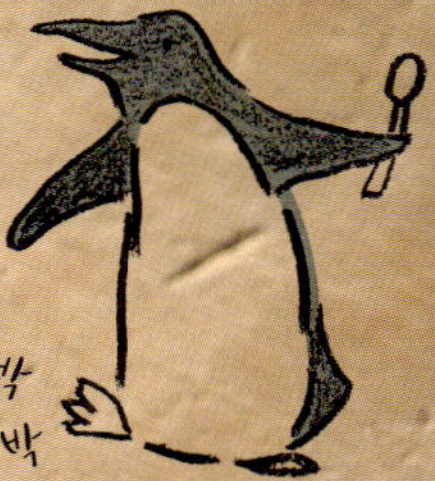

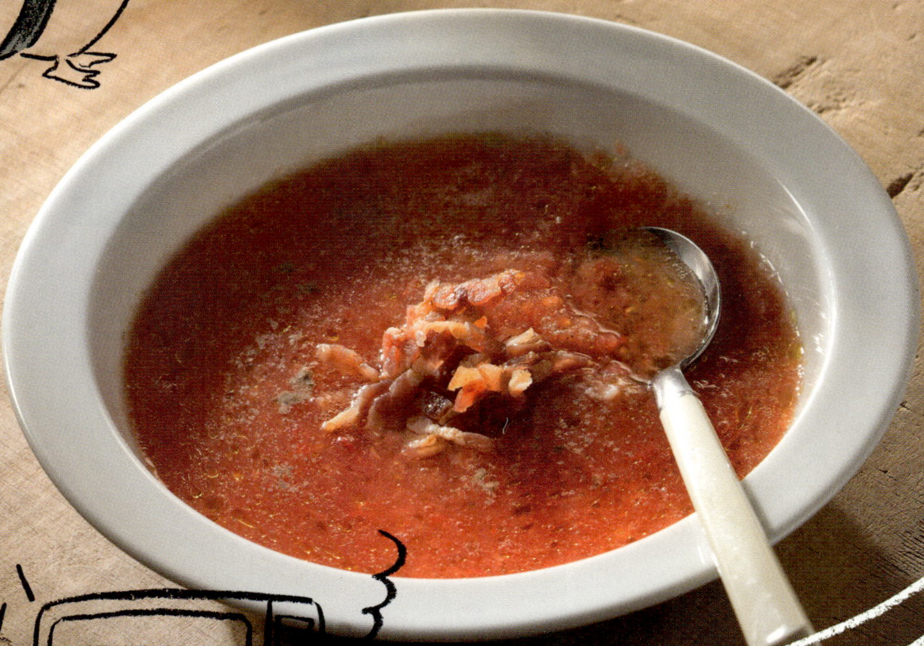

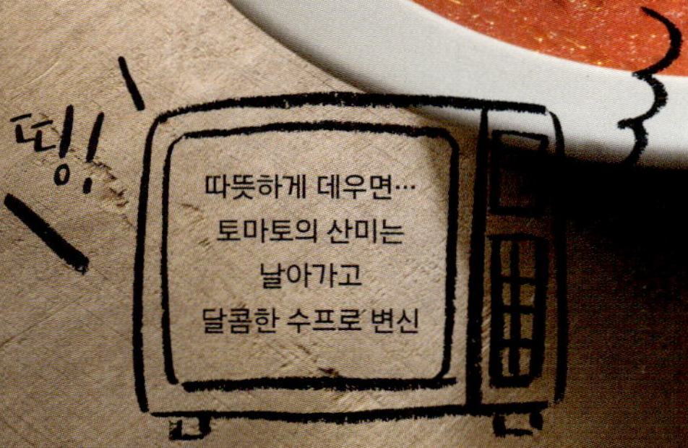

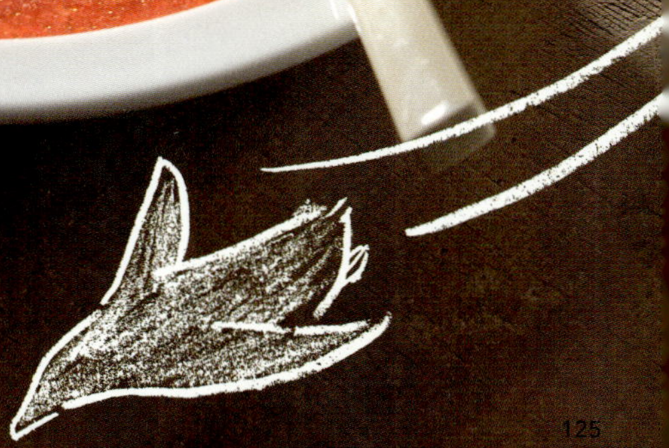

생강 두유 수프 3min

재료(1인분)

두유 … 1컵
깨소금 … 2큰술
간장 … 1/2큰술
카레 가루 … 1/2작은술
간 생강 … 15g

만드는 법

1 그릇에 깨소금과 간장, 카레 가루를
  넣고 잘 섞은 다음 두유를 붓는다.
2 간 생강을 올린다.

뜨거운 물을 붓기만 하면 끝! 즉석 수프

토마토+미소 된장+버터

으깬 방울토마토 … 2개
미소 된장 … 1큰술
버터 … 1/2작은술

그릇에 재료를 넣고 뜨거운 물을
붓기만 하면 완성. 인스턴트
수프처럼 간단하지만 맛은
제대로인 수제 수프랍니다.
구운 어묵이나 쪽파는 손으로
찢어서 넣어주면 되니까
부엌칼도 필요 없어요.
레시피에 적혀 있는 분량은
뜨거운 물 1컵(200ml)
기준입니다. 취향대로 간을
조절해주세요.

짜사이+미역+간장

간장 … 1큰술
짜사이 … 10g
자른 미역 … 조금

차조기 잎 가루+ 구운 어묵+무순

차조기 잎 가루 … 1작은술
구운 어묵 … 1개
무순 … 조금

김+소금+쪽파+후추

조미 김 … 4장
소금, 쪽파, 후추 … 조금

카레 가루+옥수수 통조림+ 굴소스+참기름

옥수수 통조림 … 2큰술
굴소스 … 1큰술
카레 가루, 참기름 … 조금

구운 어묵이 들어가는 즉석 수프 말예요, 진정한 귀차니스트인 저는 '귀찮게 굳이 구운 어묵을
잘라야 할까' 하는 생각에 통째로 넣어보았습니다. 구운 어묵을 빨대처럼 사용해 수프를
마시면서 어묵을 조금씩 갉아 먹어봤는데요. 무척 한심해졌답니다….

아침의 카페

어서 오세요. 아침에 식욕이 없고 씹는 것마저 귀찮은 분들을
위한 음료를 준비했답니다. 평범한 음료에 특별함을 살짝
더했지요. 마시면 눈이 번쩍 뜨이는 든든한 음료랍니다.

진한 핫 초콜릿

코코아 가루 대신 카카오 함량이 높은 진짜 초콜릿으로 만들어
더 진한 핫 초콜릿. 마시면 당분이 뇌까지 전달되는 느낌이 들지요.
골치 아픈 일이 많은 날에는 꼭 이 핫 초콜릿을 드셔보세요.

재료(1인분)

우유 … 3/4컵
다크초콜릿 … 30~40g
설탕 … 1작은술

만드는 법

1 초콜릿은 손으로 부숴 머그잔에 넣는다.
  우유 1/4컵, 설탕을 넣고 전자레인지에
  1분간 돌린 다음 내용물을 잘 섞는다.

2 남은 우유를 넣고 저어준 뒤 다시
  전자레인지에 1분간 돌린다. 취향껏
  후추를 뿌린다.

스파이시 카페오레

카페오레에 후추와 계핏가루를
넣어봤습니다. 향신료가 몸을 따뜻하게
만들어주기 때문에 겨울에 특히 좋은
음료랍니다.

재료(1인분)

우유 ··· 1컵
인스턴트 커피 가루 ··· 1큰술
설탕 ··· 2작은술
계핏가루, 후추 ··· 조금

만드는 법

머그잔에 재료를 넣고 섞은
뒤, 전자레인지에서 1분 30초
돌린다.

과일차

홍차에 과일을 섞기만 하면 완성.
간단하지만 효소와 비타민이 가득 들어 있어요.

재료(1인분)

사과, 오렌지 등 과일
··· 50~60g
홍차 ··· 티백 1개(아삼 추천)
물 ··· 130ml

만드는 법

1 과일은 얇게 썰어서 한입 크기로
   자른다.

2 머그잔에 재료를 모두 넣고 랩을 씌운
   뒤 전자레인지에 2분 돌린다. 1분간
   그대로 두었다가 잘 섞어서 마신다.

레시피 활용 아이디어 노트

지금까지 소개한 레시피에 살짝 변화를
준 메뉴를 준비해봤습니다. 변화를 주고
싶을 때 이 아이디어 노트를 참고해서
자신의 취향에 맞는 아침밥을 자유롭게
만들어보세요.

스크램블 에그

부들부들 스크램블 에그를 더 맛있게
만드는 방법, 바로 독특한 식감을
더해주는 거예요.

—

· 말린 과일
· 크래커
· 삶은 브로콜리

탱글탱글 오믈렛

안에 든 내용물에 따라 오믈렛은 크게
달라집니다. 가끔은 달콤한 오믈렛을
만들어보는 건 어떨까요?

—

· 사과잼
· 굴소스
· 즉석 카레

말지 않는 계란말이

일본식 계란말이에 들어가는 육수는
바다의 산물인 다시마나 멸치로 만들지요.
그래서 해산물과 궁합이 아주 잘 맞아요.

—

· 손으로 찢은 김
· 세멸치
· 설탕

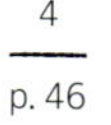

p. 46

수제 버터

완성된 수제 버터에 한 가지 맛을
더해줍니다. 토스트에 바르기만 해도
맛있는 간식이 된답니다.

—

· 건포도, 호두, 메이플 시럽
· 계핏가루, 흑당 시럽
· 다진 마늘, 파슬리

p. 48

숙성 샌드위치

본문에서는 주로 숙성한 속 재료를
소개했는데요, 이런 조합도 가능하답니다.

—

· 감자 샐러드, 햄
· 미트 소스, 슬라이스 치즈
· 바나나, 땅콩버터

p. 52

숙성 프렌치토스트

빵을 커피나 홍차에 재우면 풍미가 어떻게
바뀌는지 꼭 시험해보세요. 주스에 재우는
모험도 가능합니다.

—

· 커피 우유
· 밀크티
· 오렌지 주스

p. 56

춘권피 랩

짭짤한 속을 넣은 랩을 먹고 난 후
달콤한 속 재료를 넣은 랩을
디저트로 먹어도 무척 맛있답니다.

—

· 팥, 슬라이스 치즈
· 잼, 크림치즈
· 가볍게 으깬 바나나, 초콜릿

프라이팬 브레드

빵 반죽에 다른 재료를 섞어서 구워보세요.
빵은 안 어울리는 재료가 거의 없답니다.

———

· 잘게 부순 초콜릿
· 햄 혹은 베이컨
· 인스턴트 커피 가루, 설탕

꼬마 김밥

반찬을 사서 속 재료로 넣으면 더 편하지요.
토르티야 칩을 마요네즈에 버무린 신선한
조합도 시도해보시길 추천합니다.

———

· 닭튀김
· 감자 샐러드
· 토르티야 칩, 마요네즈

불 없이 만드는 3분 덮밥

앞에서 소개한 덮밥에 살짝 더하고,
살짝 바꿔봤습니다.
먹던 도중 새로운 재료를 더해도 OK.

———

참치 토마토 치즈 덮밥
· 프렌치 드레싱
· 가다랑어 포 간장 절임
짜사이 세멸치 견과류 덮밥
· 건포도
· 크림치즈

초간단 파르페

카스텔라나 콘플레이크 대신 '이미 완성된
달콤함'을 이용해 한층 더 호화스럽게
만들어볼까요?

———

· 크림빵
· 치즈 케이크
· 슈크림

머그잔 푸딩

푸딩만으로는 심심하다면
토핑을 얹어서 화려하게 가보죠.

—

· 과일 통조림
· 흑당 시럽
· 간 생강, 꿀, 레몬

수제 에너지 바

짭짤한 재료들을 조금 섞으면 시리얼의
달콤함이 더 선명하게 느껴진답니다.

—

· 팝콘
· 볶은 콩
· 김

조물조물 스무디

으깨는 게 좀 번거로워도 당신이 상상하는
그 맛을 느낄 수 있답니다. 취향에 따라
달콤하게도 만들어보세요.

—

· 두부, 바나나
· 백도 통조림, 요거트
· 토마토, 아이스크림

오일 채소 찜

소개한 세 가지 채소 외에도
오일 찜에 어울리는 채소는 많이 있답니다.
채소를 먹읍시다!

—

· 연근
· 양배추
· 고구마
· 애호박

잘 잤어요?

오늘 아침 기분은 어떤가요?

좋아하는 음식, 맛있는 음식을 먹고

몸도 마음도 건강해진 당신에게는

분명 행복한 하루가 기다리고 있을 거예요.

오늘 하루도

안녕히 다녀오세요.

어서 와요.

오늘은 어떤 하루를 보냈나요?

많은 일들이 있었을 오늘, '영차' 하고 넘어서서

내일 아침에는 무엇을 먹고 싶은가요?

맛있는 음식, 당신이 제일 좋아하는 음식이 좋겠지요.

오늘 하루도 정말 수고했어요.

잘 자요.

후다닥 아침 레시피

나도 아침 한번 먹어볼까?

1판 1쇄 발행 | 2017년 6월 20일
1판 2쇄 발행 | 2017년 8월 10일

요리 오다 마키코
글 오노 마사토
번역 최유진

펴낸이 송영만
편집 정예인, 엄초롱, 김미란
마케팅 조경아, 권슬기
디자인자문 최웅림

펴낸곳 효형출판
출판등록 1994년 9월 16일 제406-2003-031호

주소 10881 경기도 파주시 회동길 125-11
전자우편 info@hyohyung.co.kr
홈페이지 www.hyohyung.co.kr
전화 031 955 7600 | **팩스** 031 955 7610

ISBN 978-89-5872-153-6 14590
　　　978-89-5872-152-9 14590 (세트)
이 책에 실린 글과 사진은 효형출판의 허락 없이 옮겨 쓸 수 없습니다.
값 12,800원

이 도서의 국립중앙도서관 출판예정도서목록(CIP)은 서지정보유통지원시스템 홈
페이지(http://seoji.nl.go.kr)와 국가자료공동목록시스템(http://www.nl.go.kr/
kolisnet)에서 이용하실 수 있습니다.(CIP제어번호: CIP2017012722)

아리따 서체를 사용하였습니다.

一日がしあわせになる朝ごはん
Original Japanese title: ICHINICHI GA SHIAWASE NI NARU ASA GOHAN
ⓒ 2016 by Makiko Oda, Masato Ono
Original Japanese edition published by Bunkyosha Co., Ltd. Korean translation
rights arranged with Bunkyosha Co., Ltd.
through The English Agency (Japan) Ltd. and Eric Yang Agency, Inc.

오다 마키코(小田真規子)

요리 연구가이자 영양사. '스튜디오 넛츠'
운영 외에도 중학교 가정 교과서 제작 및
감수를 맡는 등 폭넓게 활동하고 있다.
'누구나 쉽게 만들 수 있고 건강에도 좋은
간단 요리'를 주제로 약 90권의 책을
썼다. 대표 저서로 『요리의 기본 연습편』
『칭찬을 부르는 레시피』 등이 있으며,
국내에 후다닥 아침밥 시리즈 2권인
『귀차니스트 즈보라의 아침밥』도 출간
되었다.

오노 마사토(大野正人)

문필가이자 동화 작가. 논리적이면서도
깊이 있는 시선으로 누구나 쉽게 읽을
수 있는 글을 쓴다. 집필한 책의 누계
판매 부수가 250만 부를 넘어섰다.
저서로 『마음의 신비 왜 어째서』『꿈은
왜 이루어지지 않나요』『생명은 왜
중요한가요』 등이 있다.

최유진

서울여대 국어국문학과를 졸업하고
이화여대 통역번역대학원 석사과정을
밟고 있다. 번역서로 『귀차니스트
즈보라의 아침밥』이 있다.

AD 三木俊一
디자인·일러스트 仲島綾乃(文京図案室)
촬영 志津野裕計, 大湊有生,
　　　石橋瑠美(クラッカースタジオ)
스타일링 本郷由紀子調理
조리 직원 大河原さち, 清野絢子,
　　　岡本恵(スタジオナッツ)
교정 株式会社ぷれす
협력 伊藤源二郎, 植谷聖也, 大橋弘祐,
　　　大場君人, 下鬆幸樹, 菅原実優,
　　　須藤裕亮, 竹岡義樹, 芳賀愛,
　　　林田玲奈, 樋口裕二, 古川愛,
　　　前川智子
편집 谷綾子
발행인 山本周嗣
발행처 株式会社 文響社